和小麦开启妙趣横生的
AI启蒙之旅

人工智能编程趣味启蒙

Mind+图形化编程玩转AI

王春秋　杨少东　编著

机械工业出版社
CHINA MACHINE PRESS

本书借助拥有自主知识产权的国产编程软件Mind+，帮助读者与来自AI星球的主人公小麦，一起设计并制作一系列可以让生活变得更美好的趣味AI项目，启蒙编程与AI知识，并学会利用AI技术解决生活中的许多问题。读者通过自主设计程序来实现AI的相关功能，体验AI应用，获得快乐和成就感，培养对AI的兴趣与理解。

本书非常适合作为图形化编程与AI技术入门体验的学习用书，适合对图形化编程有基本了解、对AI感兴趣的学生，以及开设编程、AI课程的老师学习、实践。

图书在版编目（CIP）数据

人工智能编程趣味启蒙：Mind+图形化编程玩转AI / 王春秋，杨少东编著. —北京：机械工业出版社，2021.8（2025.2重印）

ISBN 978-7-111-68957-7

Ⅰ.①人…　Ⅱ.①王…②杨…　Ⅲ.①人工智能－程序设计－青少年读物　Ⅳ.①TP18-49

中国版本图书馆CIP数据核字（2021）第170423号

机械工业出版社（北京市百万庄大街22号　邮政编码100037）
策划编辑：林　桢　责任编辑：林　桢
责任校对：李亚娟　封面设计：鞠　杨
责任印制：李　昂
北京捷迅佳彩印刷有限公司印刷
2025年2月第1版第7次印刷
184mm×260mm · 10.25印张 · 197千字
标准书号：ISBN 978-7-111-68957-7
定价：79.00元

电话服务
客服电话：010-88361066
010-88379833
010-68326294

网络服务
机　工　官　网：www.cmpbook.com
机　工　官　博：weibo.com/cmp1952
金　　书　　网：www.golden-book.com
机工教育服务网：www.cmpedu.com

序一 写给大朋友们

FOREWORD

2020 年年底，杭州的初二学生陆原，为了帮助患有阿尔茨海默病的大外婆能够想起身边的亲人和回家的路，设计出了一个智能工具——“勿忘我”出行伴侣。这个完全由陆原同学自主设计研发的作品，利用 Arduino 主控板、紫外线传感器、AI 摄像头等开源硬件，图形化编程与 3D 打印技术，巧妙地实现了设想的功能。这个作品，也成为 2020 年科创教育最“出圈”的热点，各大媒体相继点赞、转发，还登上了包括中央广播电视总台《新闻直播间》《我爱发明》等电视栏目。在节目中，陆原同学分享了整个作品的设计过程，给笔者带来了极大的触动。一是作为一名科创教育老师，看到越来越多的学生，真正地拥有了“创客思维”，即用自己具备的技能解决实际生活中的问题，因而感到非常欣慰。二是作品所得到的社会关注度、认可度，也在一定程度上反映了国家近年来对科创教育的重视和努力开始有所收获。

触动之余，我们可以将目光聚焦到两个关键词：编程和人工智能。首先，第一个关键词——编程，作为学习开源硬件、物联网、人工智能等相关技术的必要基础，想要实现像“勿忘我”这样的作品功能，首先需要具备的正是编程能力。围绕编程，一方面，我们看到的是近年来国内外皆越发重视青少年编程学习，包括芬兰、日本、美国等国以及我国越来越多的省市纷纷开始将编程课纳入中小学课程；编程培训机构也如雨后春笋般纷纷涌现。另一方面，市场的过度竞争、家长的焦虑情绪，又激发出了另一种声音：少儿编程教学就是噱头，孩子们根本不需要从小学习编程。于是，许多人又陷入了这样的沉思——到底要不要让我的孩子学习编程？学编程到底又是为了什么？

笔者认为，编程尤其是其中最适合低年级学生入门学习的图形化编程，首先是需要被客观看待的，同时也要正视它的价值。教育学理论指出，7~12 岁，是孩子逻辑思维的最佳形成期。而对图形化编程的学习，其实是一种非常直接的训练逻辑思维的方式，编程的过程也可以看作是一种让逻辑“可视化”的过程。以生活中常见的“楼道灯”为例，想要通过编程实现声控、光控亮灯的效果，学生首先需要自己选择以什么样的顺序依次排列判断条件，或选择通过“与”模块连接两个核心条件从而实现同时判断，以及学生需要自行设计触发亮灯的具体条件、亮灯的持续时间等。每一步的设计，都是学生逻辑思维的展现。

此外，图形化编程的迅速反馈以及程序的易读性，令学生无论是在任何一个阶段发现问题，都能够高效地回过头再分析、试错，直到最终成功。这样“编写 - 测试 - 调整 - 再测试”的周期是非常短的，因而在这个过程中逐步建立起的还有试错思维，以及面对失败的正确心态。最后，正如上面所举的“楼道灯”的例子，实则有多种程序设计方式，“问题的解法永远不止一种”这样的教学场景，对每个学科来说，都是难能可贵的。所以我们说，图形化编程的学习，绝对有其重要性和必要性。

明确了学习编程的价值，另一个值得讨论的问题就是，孩子们需要花多少时间去学习图形化编程。这个问题的答案，其实需要我们换一个角度去看待编程学习。作为一种培养思维能力的手段，笔者更愿意将图形化编程学习定位为一种素质教育。正如孩子们学习音乐、美术，在校内，这是提升学生整体素质的必修学科；而在校外，我相信大部分家长更多是为了帮助孩子陶冶情操、激发兴趣、培养艺术鉴赏能力，而不是为了培养孩子将来一定要成为音乐家、画家，走上艺术道路以此谋生。类比图形化编程，也是一样的。孩子们从小学编程，不是为了成为程序员，更多是为了培养逻辑思维、计算思维等新时代所必不可少的信息素养。如果孩子们展现出了兴趣和天赋，就可以考虑花更多的精力，进行更专业的学习。而且，图形化编程的入门非常简单，通过编程实现一些简单动画、游戏、工具项目，孩子很容易从学习中获得成就感。所以，不需要焦虑，花一点点课余时间，学一点图形化编程，绝对会是一个不错的选择。

接下来，我们再聚焦到另一个关键词——人工智能（AI）。现如今“人工智能时代”广泛出现在新闻、自媒体、教育市场中，人工智能教育，就如前几年的编程教育一样，正处于热潮中。我们当然要在过去的经验中吸取教训，而笔者吸取教训的方式，就是对人工智能入门教学的具体定位——孩子们在具备非常简单的图形化编程能力的基础上，能够亲手设计程序实现人工智能的相关功能，体验人工智能应用，获得快乐和成就感，启蒙对人工智能的兴趣与理解。将这样的定位付诸实践后，本书就诞生了。

本书编写成功得益于 Mind+ 编程软件的成熟。Mind+ 除了具备完整的图形化编程功能，也支持 IoT（物联网）、机器学习、KNN 物体分类、PoseNet 姿态追踪、ASR（自动语音识别）、文字处理以及支持百度 AI 服务器等多种 AI 功能。而且 Mind+ 平台完全免费开放，是天然的图形化编程零基础、零成本学习平台。本书里的每一个项目，都无须复杂的编程技能，无须任何 AI 知识储备，跟着书中内容的节奏，就可以轻松实现能够互动对话的“自制语音精灵”、一看就知道是什么垃圾的“智能垃圾分类小助手”、一挥手就能自动更换衣服上身效果的“姿态追踪试衣镜”等既有趣、又结合实际生活的人工智能编程项目作品。同时每个项目都有很高的自由度，读者可以根据自己的理解优化、改编和添加更多功能。

学习编程、学习人工智能，本就可以是一件轻松、快乐的事情。希望愿意阅读本书的大朋友和小朋友，都能够收获快乐，收获进步，收获自豪。

王春秋

2021 年 8 月

序二 写给孩子们

FOREWORD

亲爱的同学们：

【我们是幸运星】

当你拿到本书时，想必你是想开启或是已经踏上了人工智能的学习之旅。不管你是什么契机开启了对人工智能的学习，我们都要感到庆幸，庆幸我们生活在这个时代的中国——一个科技高速发展、社会和谐稳定、人民幸福安康的国家。因为国家的强大和对科技、教育的重视与投入，我们才有了能站在巨人肩膀上学习人工智能知识的更多机会和方式。

【请带上好奇心】

如何学习本书呢？也许需要你带着一颗“好奇心”上路。对于本书的内容，你好奇的可能是程序的用法和效果，也可能是人工智能技术的原理。不过我希望你还要有一点对生活的好奇与探究。如今人工智能技术在我们生活中已经有非常广泛的应用了，比如智能手机、无人驾驶、智能音箱等。面对世界上这么多的创新型人工智能产品，我觉得还是少了一个产品，就是“你创造的人工智能产品”。这个“产品”需要你对生活充满好奇，并仔细观察和探究，去调动大脑里的信息碎片，结合人工智能技术，来创造一幅属于你的人工智能画卷。本书的项目内容以人工智能技术为核心延展到变脸、旅游助手、试衣、拜年、五禽戏等多个场景，你在完成这些项目学习的过程中，还可以多一些好奇心：这个项目为什么要这样设计？这个场景中还可以用到哪些人工智能技术？本项目中的人工智能技术还能用在生活中的哪些场景？带着这样的好奇心来学习本书，相信你的收获会更大。

【对自己有信心】

书中的所有项目都是按照由易到难的顺序编写，层层递进。同学们在学习本书的时候，一定都能够完成本书的项目。同时我希望你在完成项目的学习后，能够不断更新和完善它，让它变成“你的人工智能项目”。聪明的你，在项目的实现效果中会融入你的观察和看法，不管是修改素材、获取数据、调整程序，还是完全重新创作一个作品，它都将会是一个非常了不起的人工智能作品！

本书的所有人工智能项目对同学们来说只是一个开端。带上你对科技的热爱和好奇，在探索的路上乘风破浪，披荆斩棘。你所学习的每一个知识，生活中细心观察到的每一个细节都将是你日后创意迸发的源泉。没错，我相信极具创造力的你能做到！

【期待你的收获】

学完本书的项目后，你可能会有很多的收获。关于对 Mind+ 中人工智能技术的掌握、百度 AI 功能的调用、机器学习等知识的理解，以及对人工智能相关知识的了解，或者是你能够自己根据生活中的观察，设计一个人工智能项目。如果你能有这些收获，那么恭喜你已经从本书中学到了很多书本之外的知识啦！不过我还希望你可以获得一个收获：结合生活中的观察与发现，对人工智能有自己的理解和看法。

本书可能是你学习人工智能的一个起点，而终点，在未来！同学们，因为有你，未来可期！

少东叔叔

2021 年 8 月

目 录

CONTENTS

引　言

在遥远的外太空，有一个高度智能化的星球叫作AI星球。AI星球上的人对各种各样的技术都充满了向往。麦昆是这个星球的技术管理员，它精通AI星球上所有的技术。一天，麦昆收到了一个来自地球小朋友的星际漂流瓶，瓶中来信写道："我希望有一种技术，能够让我身边的玩具能够听懂我说的话，看懂我的手势，陪我一起跑步，还可以帮妈妈做家务。"收到了漂流瓶的麦昆，叫来了自己的学生小麦。小麦是AI星球上最热心的人，知道了这个事情之后，小麦就想立刻来到这个小朋友的身边，用自己所学的人工智能技术帮助他实现愿望。

麦昆对小麦说道："据我了解，地球即将进入人工智能时代，衣食住行都会涉及人工智能技术，虽然人工智能会让生活变得丰富多彩，不过很多地球上现在的职业也会被人工智能无情地替代。所以我们除了要帮助漂流瓶的主人实现愿望，也要帮助地球上更多的小朋友更好地适应未来，适应人工智能时代。你这次前去，我会送给你一个百宝箱——'Mind+'，里面封藏了我们星球所有的技术，它可以协助你帮助更多人解决遇到的问题，实现充满创意的想法。"

小麦接过百宝箱，将百宝箱设置成数据的形式存放在地球的网络上，任何小朋友只要输入网址，就可以下载这个百宝箱。就这样，小麦带着AI星球的技术，向地球出发啦！

第 1 章
初识 Mind+——AI 编程百宝箱

1.1 小麦的百宝箱 Mind+

小麦的百宝箱叫作 Mind+，任何人得到这个百宝箱都可以像小麦一样掌握百宝箱里的多种技能。而小麦的任务，就是通过百宝箱将 AI 星球的技能分享给爱动手、爱动脑、善于观察与思考的小伙伴们。帮助小伙伴们成为一名 AI 工程师，通过 Mind+ AI 编程实现自己的想法，让生活更加有趣。那小麦的百宝箱 Mind+ 在哪里找到呢?

1.2 获取百宝箱 Mind+

获取百宝箱可能需要一点时间，美好的东西往往也值得我们等待与探索。接下来就跟着小麦一起找寻百宝箱 Mind+ 吧!

第 1 步： 将计算机连上网络，打开一个网页，输入网址 mindplus.cc 即可进入 Mind+ 的官方网站，单击“立即下载”。

第 2 步：根据自己的计算机系统，选择对应最新的版本进行下载（如 Windows 操作系统的计算机，单击第一个“立即下载”即可开始下载，如有更新的版本，下载最新版本即可）。

第 3 步：下载完成后，打开“Mind+”文件所在的位置，双击图标，开始安装，安装结束后，单击“完成”。

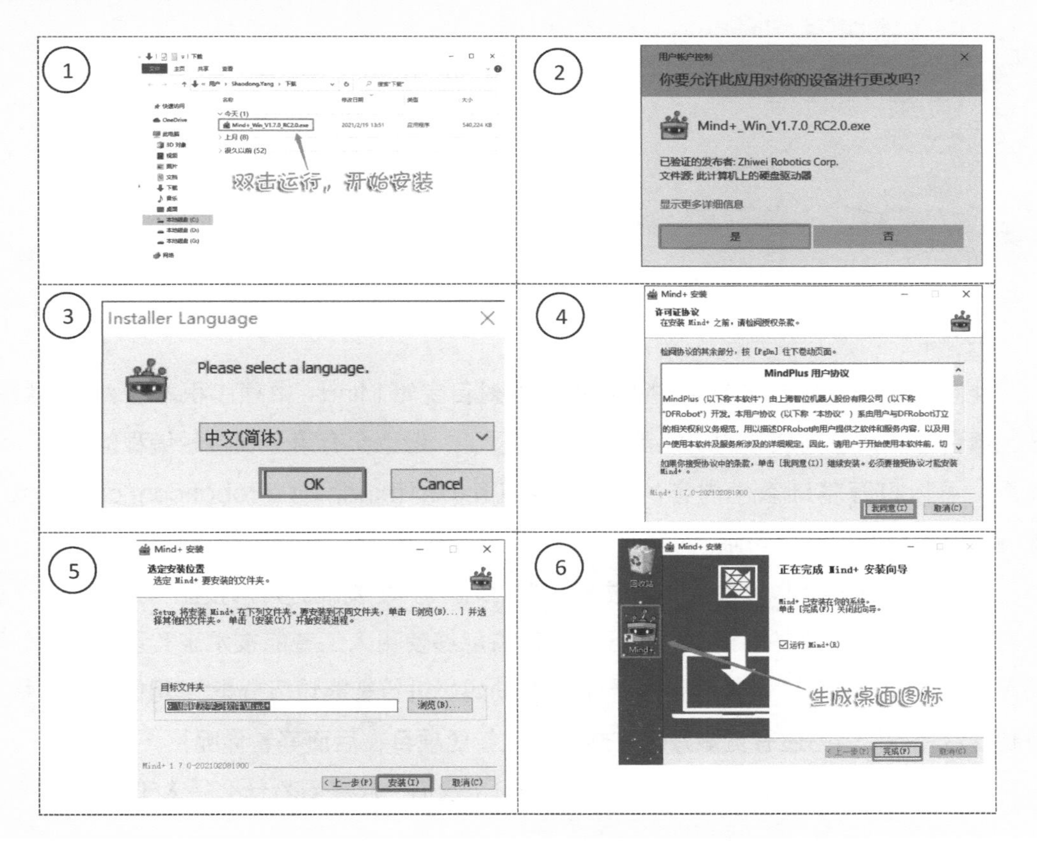

第 **4** 步：打开百宝箱 Mind+，看看里面是什么样子的吧！

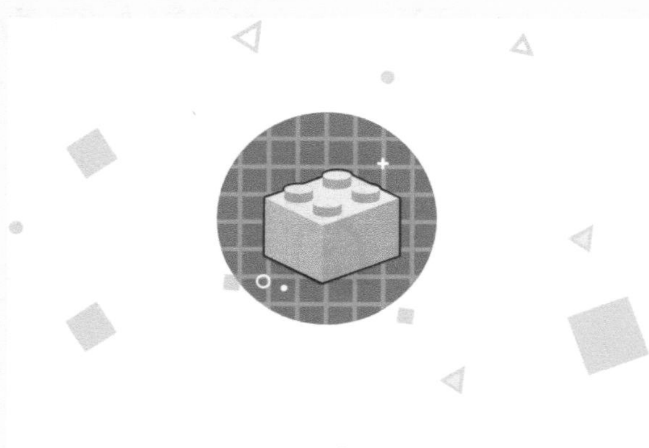

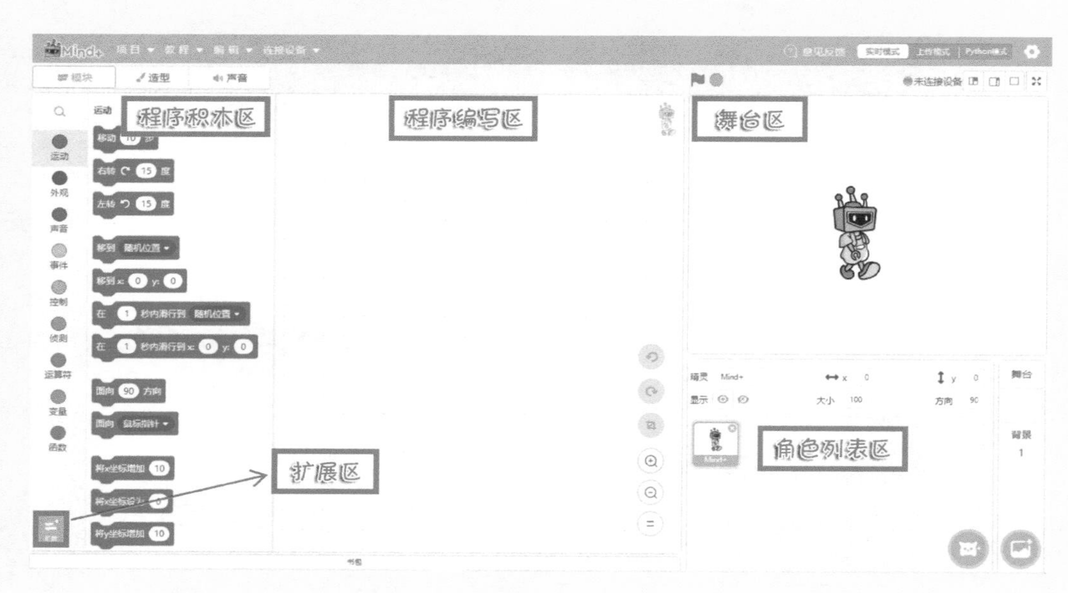

哇哦！小麦就站在了舞台中央！可能你对百宝箱 Mind+ 中程序积木区、程序编写区、舞台区、角色列表区的功能都已经很熟悉了。但也会有第一次接触编程的朋友，没关系，可以打开基础教学内容的网址链接（https://mindplus.dfrobot.com.cn/onlysc），进行一些入门的项目学习哦。

请注意还有一个非常重要的区域——“扩展区”。小麦最厉害的技能“人工智能”就藏在这个区域哦！要是解锁了这个区域，你将能够使用人工智能技术来实现“帮助你写文言文”“和 AI 聊天”“做人脸跟随游戏”“帮助妈妈进行智能垃圾分类”“用你的声音指令控制舞台特效”……还有更多好玩有趣的人工智能项目在后面等着你呢！

人工智能真有这么厉害吗？带着这个疑问，我们一起来看看什么是人工智能？

1.3 什么是“人工智能”

人工智能（Artificial Intelligence，AI）技术的出现，是人们希望机器能够像人一样思考并解决问题，甚至是超越人类。人工智能的功能非常丰富，常见的有能看见周围的事物、能听懂我们说的话、能像我们一样说话、能做决策、能动、能学习等。你知道吗，人工智能已经悄无声息地融入我们的日常生活中了，这在我们的衣、食、住、行中都有体现。下面我列几项我们这个时代生活中可见的场景，你来看看哪些是人工智能，哪些不是。可以在你认为是人工智能的场景后画√，不是人工智能的场景后画 ×：

手机语音助手		手机打电话		美颜相机拍照	
无人驾驶汽车		停车场自动收费系统		遥控器控制电视机	

我们看看答案，其中手机语音助手、美颜相机拍照、无人驾驶汽车、停车场自动收费系统是人工智能的应用场景。你知道为什么吗?

- 因为手机语音助手能够听懂我们说的话，这是使用了人工智能中的“语音识别技术”；而语音助手能和我们说话，这是使用了人工智能中的“语音合成技术”或“文字朗读技术”。
- 美颜相机拍照可以自动美化人脸，这是用到了人工智能中的“人脸识别技术”。
- 无人驾驶汽车是一个综合性的人工智能应用项目，其中语音识别、语音合成、物体识别等更多种人工智能技术都会用上。
- 停车场自动收费系统能识别车牌号，这是用到了人工智能中的“车牌识别技术”。

好啦，这些人工智能的功能我们在后面都会慢慢遇到，接下来我们一起打开 Mind+的扩展区域，一起去探索 Mind+ 的 AI 秘籍吧!

1.4 探索 Mind+ 的 AI 秘籍

单击“扩展”后，我们可以在菜单栏看到有很多选项，不同的选项对应的是不同的功能，而小麦的 AI 秘籍藏在“功能模块”与“网络服务”里。

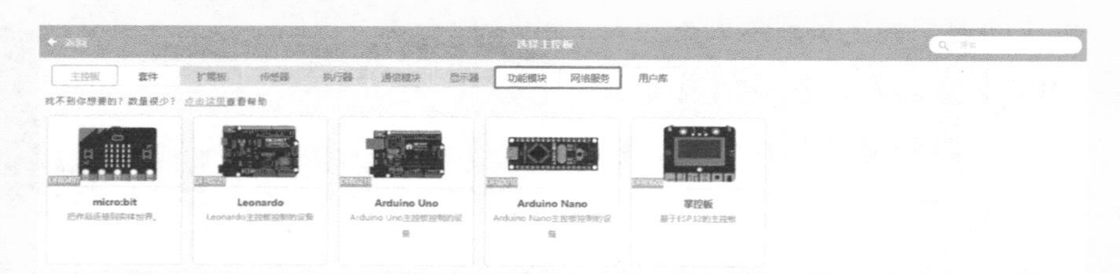

当单击“功能模块”时，我们可以在菜单中找到“机器学习（ML5）”“HUSKYLENS 教育版”“视频侦测”三个与图像识别功能相关的模块。

当单击“网络服务”时，我们可以在菜单中找到“文字朗读”“语音识别”“AI 图像识别”“谷歌翻译”“百度翻译”五个具有人工智能功能的模块。

“功能模块”和“网络服务”的功能有什么区别吗？

“功能模块”中所有的人工智能功能都不需要连接互联网即可实现。

“网络服务”中所有的人工智能功能都需要在连接互联网的情况下使用。

所以，小朋友们在使用人工智能功能的时候需要检查一下自己的计算机是不是已经连接好了网络。选择好具有 AI 功能的模块后，在 Mind+ 的程序积木区会多增加两种新的程序积木。不同的功能都在对应的程序积木块中。这样我们就能轻松玩转人工智能啦！

1.5 开启 AI 编程之旅

看到如此丰富的 AI 功能模块，你有没有非常兴奋，想要马上跟小麦一起设计实现脑海中的奇思妙想呢？那就让我们跟着小麦的步伐，一起打开 Mind+，开启 AI 编程之旅吧！

部分课程项目示例：

识别恭喜的手势下红包雨

利用物体识别进行垃圾分类

利用语音识别进行人机互动

利用 KNN 分类学习人体姿态

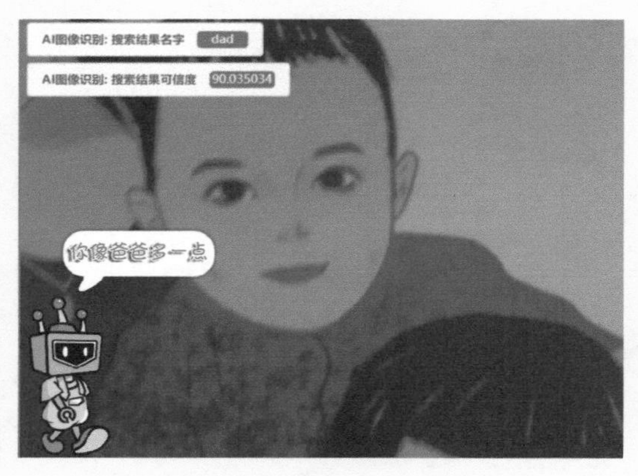

利用人脸相似度对比测测你更像爸爸还是妈妈

利用人脸追踪玩转川剧变脸

1.6 素材百宝箱

本书共 9 个综合性项目，涵盖了 Mind+ 中超级丰富的 AI 功能。与小麦的百宝箱配套使用的还有“素材百宝箱”。9 个项目所需要的素材，均可从“素材百宝箱”中获取。“素材百宝箱”存放在网络中，小朋友们可提前下载好，让接下来的学习变得更加方便哦。“素材百宝箱”获取方式如下：https://mindplus.dfrobot.com.cn/aibook111

名称

- 2、Mind+初体验——扫清迷雾
- 3、文字翻译——环游世界小助手
- 4、人脸识别——小麦教我“川剧变脸”
- 5、姿态追踪——超方便的AI试衣镜
- 7、手势识别——春节“云拜年”
- 8、KNN分类——五禽戏
- 9、物体识别——垃圾分类我能行

第 2 章 Mind+ 初体验——扫清迷雾

2.1 迎接小麦

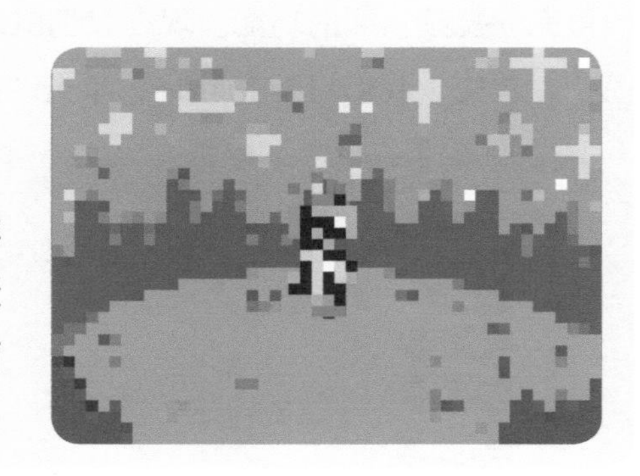

踏上征程的小麦，已从 AI 星球出发，来到了我们的世界。但它在进入我们的星球时，被重重迷雾给挡住了，这些迷雾会阻挡小麦的视线，小麦不知道在哪里着陆。所以，我们需要使用百宝箱 Mind+，帮助小麦扫清迷雾，迎接它的到来！

确认本章目标：通过视频侦测功能，检测屏幕前手掌是否在运动，以使小麦角色画面的特效逐渐清晰，营造出“我们通过挥手帮助小麦扫清迷雾”的效果。

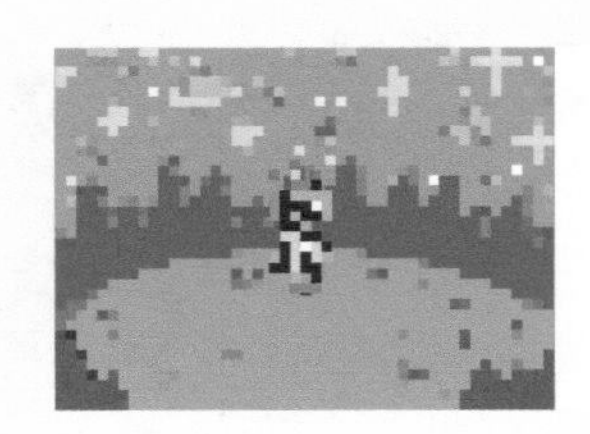

2.2 科技面对面——视频侦测

视频侦测的原理其实是运动侦测的一种算法，摄像头所看到的画面会转换成像素点的图，每一个像素点及颜色都会在画面中对应一个位置，当在非常短的时间内，对检测到的两个画面通过像素点的图进行对比，当发现上面像素点颜色对应的位置发生了变化，就能判断镜头前的画面是否有运动。例如画面 1 变成画面 2，会发现手臂对应的像素点的位置发生了变化，就说明镜头前的画面运动了。

画面 1

画面 2

2.3　小麦的秘密武器

2.3.1 “视频侦测”模块

“视频侦测”是 Mind+ 中“扩展 - 功能模块”里的一个功能，其可以检测画面变化，对计算机要求低，在不需要网络的环境下，只需要一台计算机及一个普通的摄像头，即可完成视频侦测的功能。现在我们就来添加视频侦测功能吧。

首先，我们打开 Mind+，单击“扩展”：

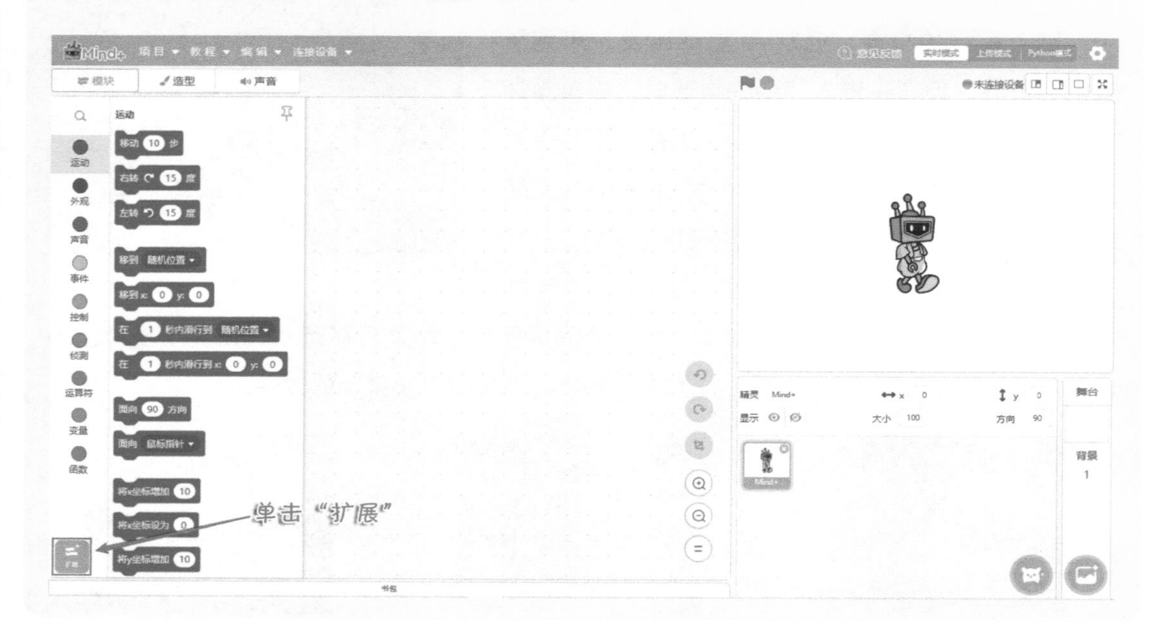

然后，选择功能模块，找到视频侦测功能，单击一下加载此模块。

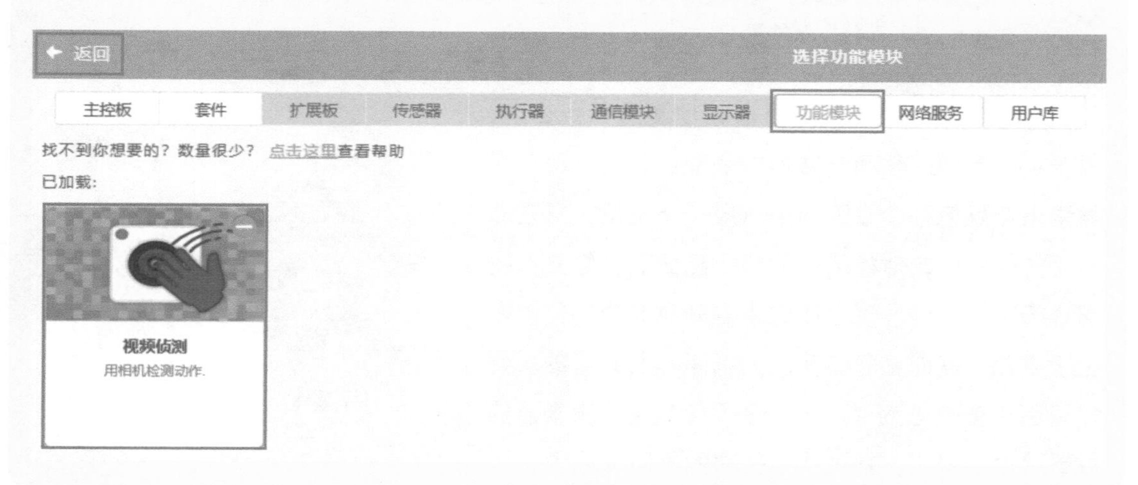

最后，单击“返回”，回到主界面（添加完成后如下图所示）。

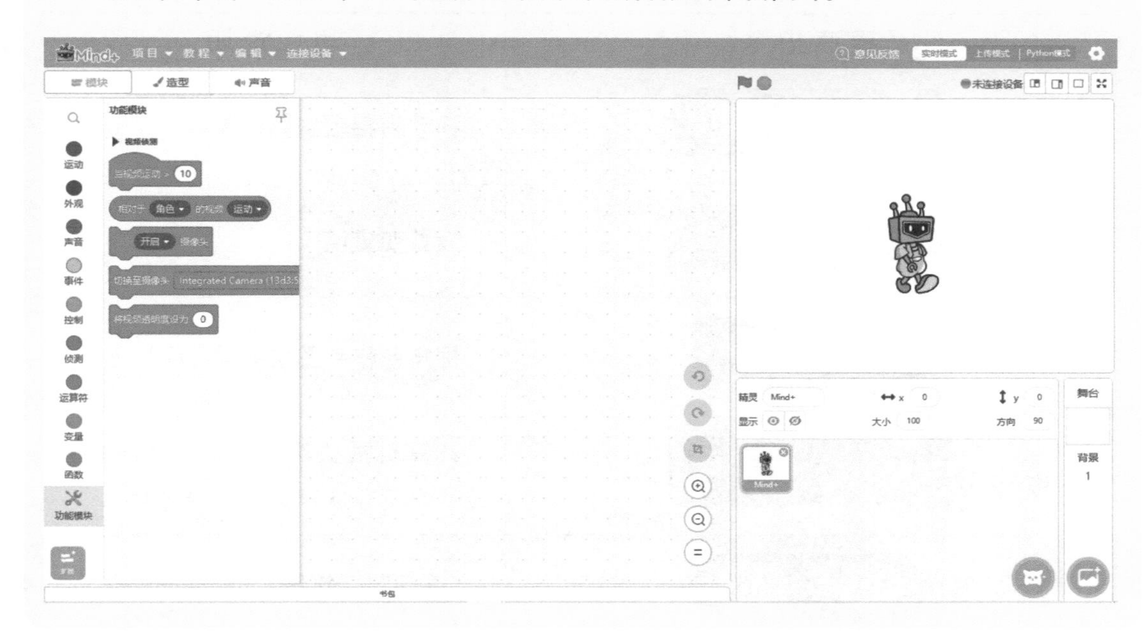

2.3.2 程序指令

程序指令	功能说明
当视频运动 > 10	当摄像头检测到画面中的运动幅度大于某个值（如 10）时，执行后面的程序
开启 ▾ 摄像头 关闭 ▾ 摄像头	控制摄像头的开启和关闭，在开启状态下，摄像头才能检测到画面的运动；在关闭状态下，摄像头不能检测画面的运动
将 像素化 ▾ 特效设定为 100	设置角色指定特效的效果，用百分比来表示
将 像素化 ▾ 特效增加 25	把角色特效增加或减少一定百分比（负数表示减少）
当 🏳 被点击	当单击绿旗时，开始按顺序执行下面的每一行指令

（续）

程序指令	功能说明
移到 x: 0 y: 0	移动到相应坐标位置
设置 my variable ▾ 的值为 0	设置变量值
移到最 前面 ▾	把角色移到图层的前（后）面
播放声音 Meow ▾	计算机播放声音（可以录制、上传，也可以从声音库中选择）
( ) = 50	“等于”运算符
如果 ◇ 那么执行	条件判断指令：当事件成立时，执行指令中的程序
重复执行 10 次	设置程序重复执行的次数
下一个造型	切换到下一个造型
移动 10 步	设置角色移动的步数
碰到边缘就反弹	当角色运动碰到舞台的边缘时，角色会改变运动的方向，并向相反方向运动
将旋转方式设为 左右翻转 ▾	将角色的旋转方式设置为左右翻转、不可旋转或任意旋转（注意调整之后会带来角色移动方向的变化）

2.3.3 小试身手：通过挥手，让小麦从模糊到清晰

挥手动作可通过视频侦测模块来检测，小麦从模糊到清晰可通过设置小麦的角色特效“像素化”效果来实现，“像素化”越高越模糊，越接近 0 越清晰。下面我们一起来试试吧！

1. 实现小麦从模糊到清晰的过程

主要运用的程序功能模块就是外观中的 将 像素化 特效设定为 0 和 将 像素化 特效增加 25 。我们需要先设置一个比较高的像素化特效，如 100。然后每按一次空格键，将像素化特效降低 5，实现小麦从模糊到清晰的动画效果。我们先来动手测试一下吧！

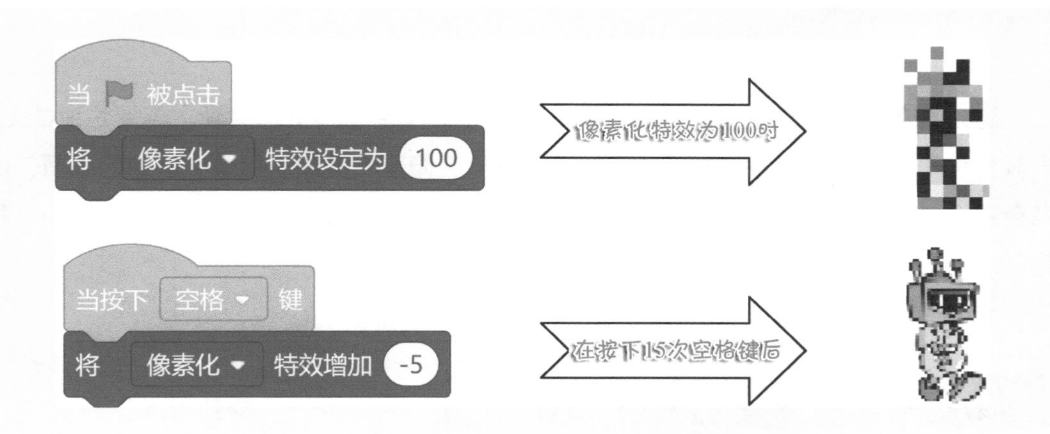

通过执行上面的程序，小麦会随着按空格键的次数逐渐增多变得越来越清晰。但当按空格键超过 20 次后，像素化的特效值会变成负数。此时如果再继续按空格键，小麦又会变得越来越模糊。

2. 通过挥手来让小麦变得清晰

主要运用的程序功能模块就是 开启 摄像头 和 当视频运动 > 10 。在单击绿旗的时候，打开摄像头，开始使用视频侦测功能。当侦测到我们运动时，小麦就会更清晰。当你觉得小麦足够清晰时，可以按下空格键，关闭摄像头，这样就避免了小麦从清晰再变得模糊。

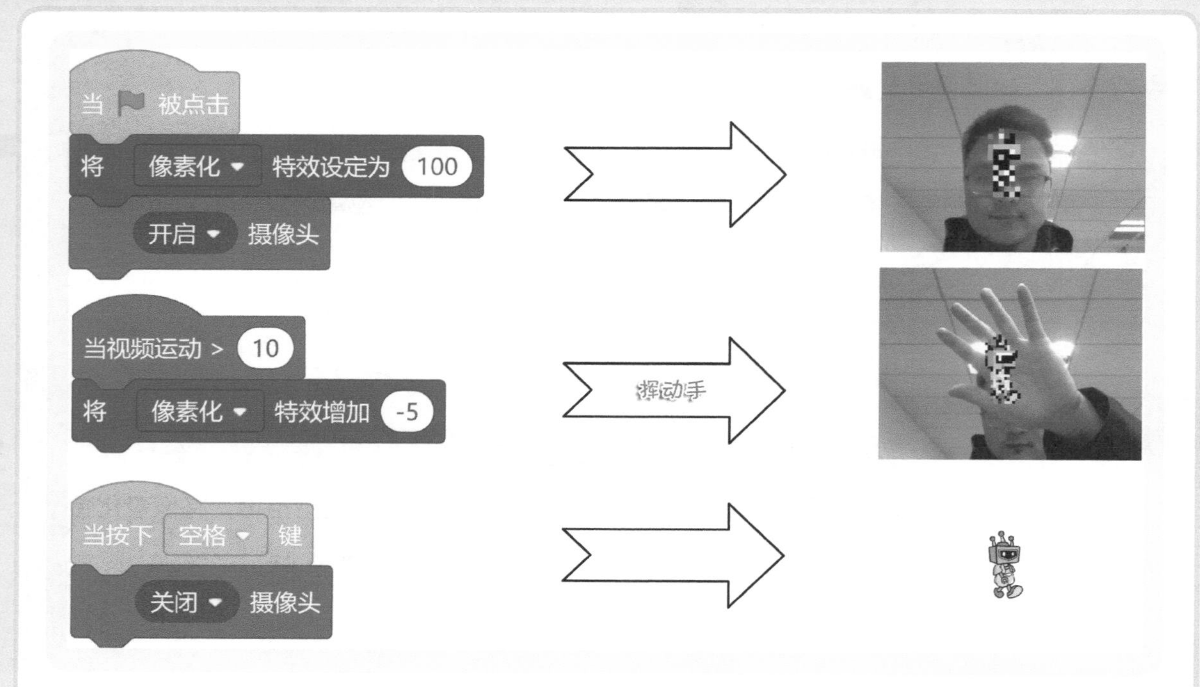

通过视频侦测功能我们就能够实现通过挥手让小麦变得更加清晰。但要注意的是，当我们使用视频侦测模块的时候，舞台区的背景会隐藏，变成了摄像头看到的画面，而角色不会被隐藏。所以同学们在设置角色的背景时，需要将背景图添加为角色再编写程序哦。

2.4 目标实现——扫清迷雾大作战

掌握了像素化特效和视频侦测的功能后，接下来，我们要开始设计帮助小麦扫清迷雾的任务，当迷雾完全去除后，小麦会来回走动，并和我们打招呼。

2.4.1 素材准备

打开 Mind+ 后，软件中会有一个叫作“ Mind+ ”的小机器人角色，为方便和软件的区分，我们后面所有的项目都会将这个小机器人角色叫作“小麦”。

从“素材百宝箱”中添加本章的角色、声音。

其中有一个素材的名字叫作“背景”，它其实也是一个角色。因为当我们从背景库中上传背景时，启动视频侦测功能后，背景就会消失。所以需要将舞台界面显示的背景设置为一个角色，这样启动视频侦测功能时，其就不会消失了。

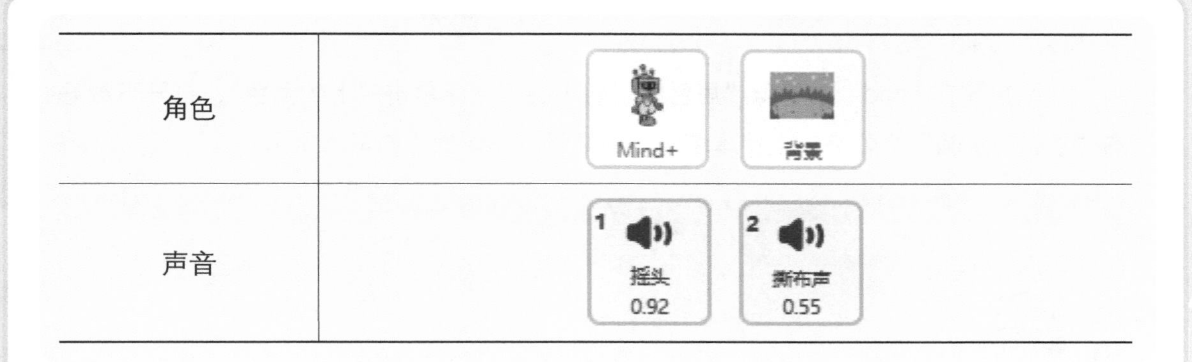

角色	Mind+　背景
声音	1 摇头 0.92　2 撕布声 0.55

（1）添加声音

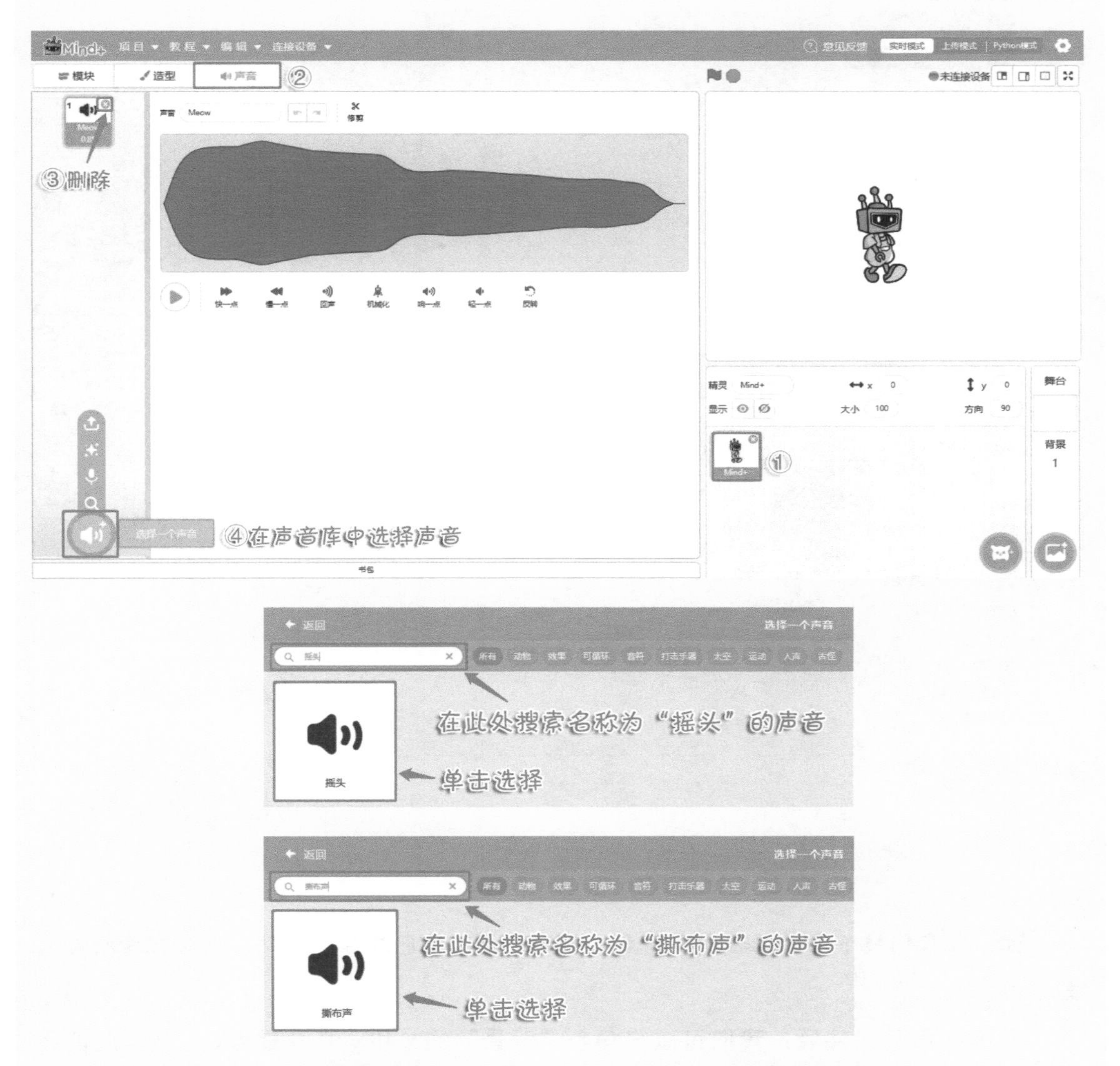

完成后单击“返回”就可以在声音菜单下看到我们所选择的声音啦。

（2）添加角色

把鼠标放在 Mind+ 右下角“角色库”的小图标上，单击“上传角色”，打开下载好的“素材百宝箱”文件夹，上传本章对应的素材。具体操作如下图所示。

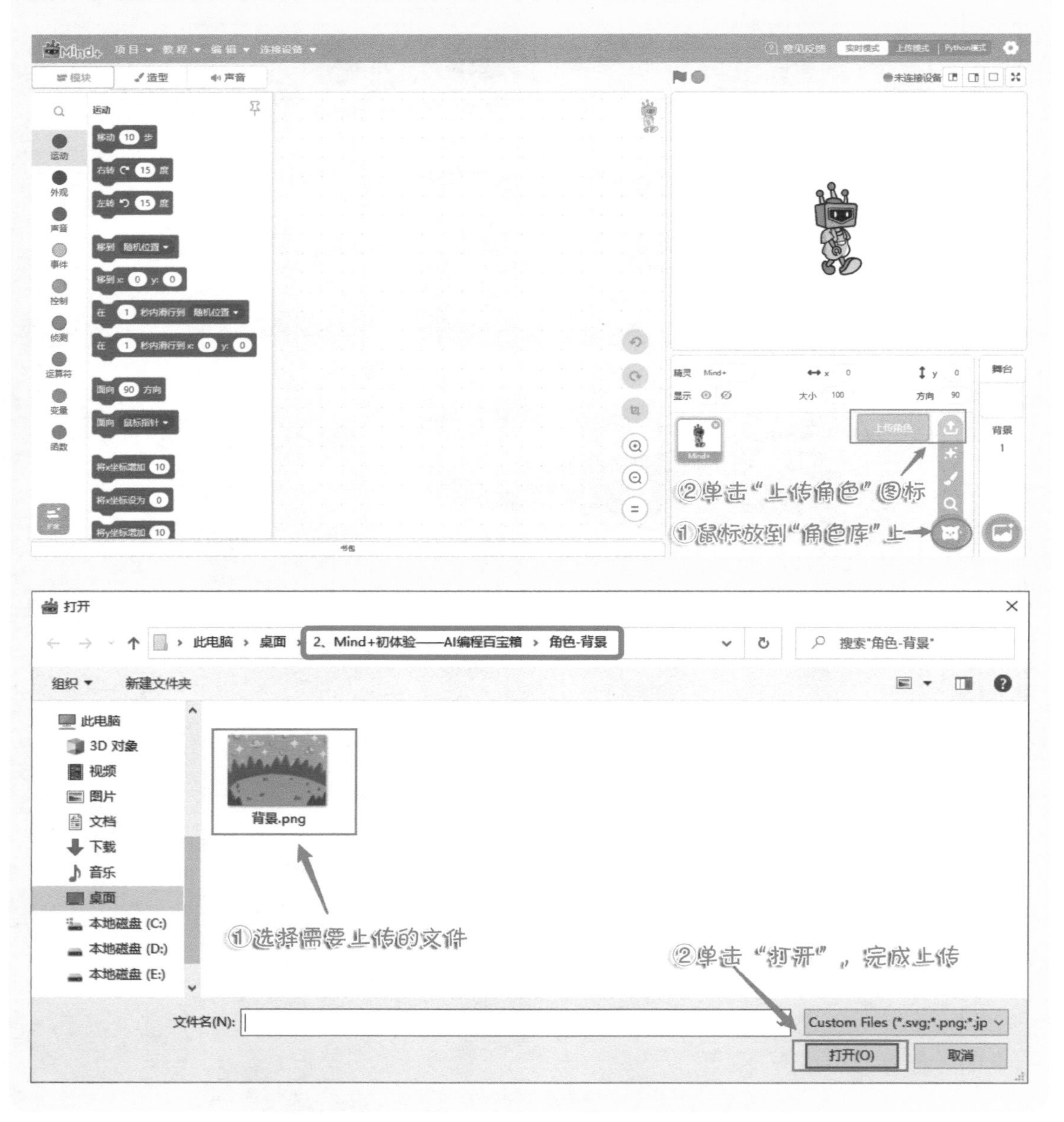

注：在我们接下来的课程中，需要上传的背景、角色或音频文件，也都在素材百宝箱里哦。

上传好角色文件后，我们可以将角色“背景”的 x 和 y 值设置为 0，这样就能将“背景”的图片调到舞台最中间位置。

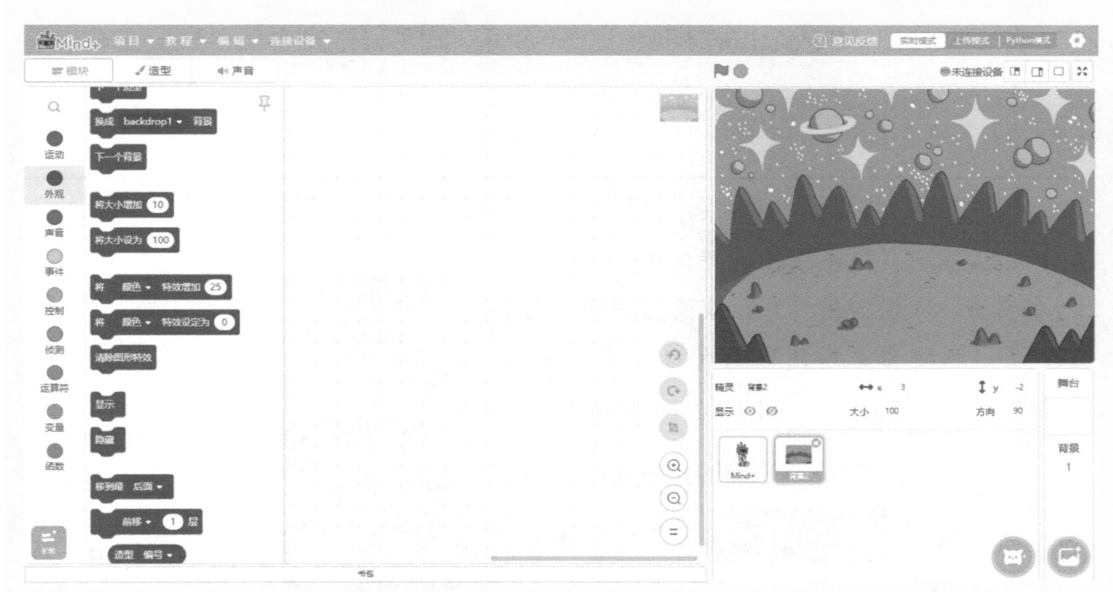

上传角色“背景”后，小麦不见了？是的，小麦被背景给盖住了。那如何让小麦不被盖住呢，不着急，在接下来的功能实现中会有这个问题的处理方法哦。

2.4.2 功能实现

当角色变得最清晰时，自动关闭摄像头。

在动画中，我们设置的像素化特效为 100，每当侦测到一次画面运动的时候，特效就减少 5，并播放一个音效。当特效减少到 0 的时候，播放另一段音效，我们就可以关闭摄像头了。同时我们在这个特效的判断过程中可以借用变量来代替特效的值。

那什么是变量？又如何新建一个变量呢？

变量来源于数学，在计算机语言中，其可以用来存储数值。

打开 Mind+ 软件，选择“变量” 变量 模块，单击“新建变量”，然后输入新变量名，单击“确定”，这样我们就设置好了一个新变量。

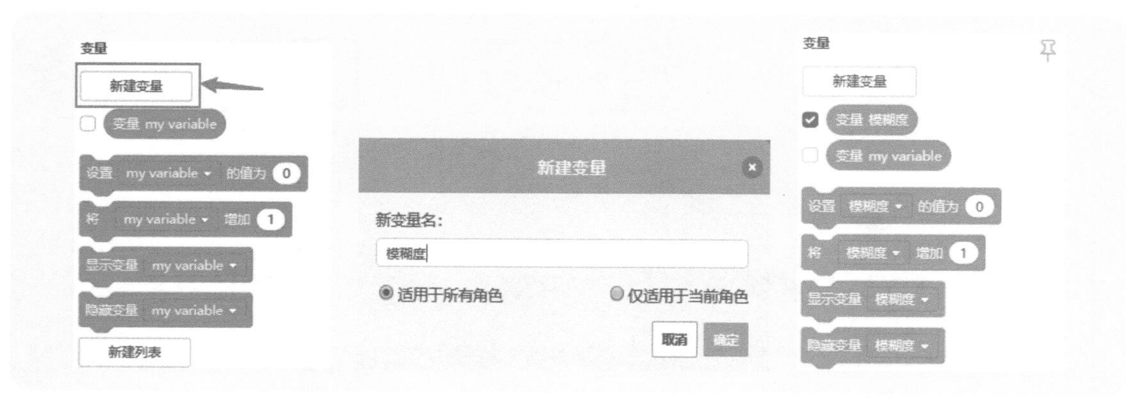

（1）角色“小麦”的程序

步　　骤	程　　序
单击绿旗后，把小麦移到舞台中央，新建一个变量——模糊度，并设置变量的初始值为 100。同时将像素化特效设置为此变量：将 像素化 特效设定为 变量 模糊度 。因为还要添加一个角色“背景”，新添加的角色会挡住小麦，所以通过 移到最 前面 ，让小麦在背景的上面，然后打开摄像头	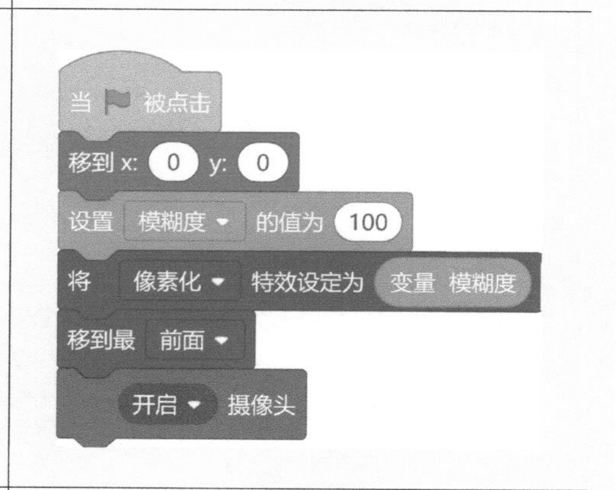
当检测到视频运动大于 10 的时候，播放添加好的“撕布声”声音，来模拟我们挥手擦除迷雾的音效。每次检测到运动时，播放音效，并通过 将 模糊度 增加 -5 来减少变量模糊度的值，以改变“像素化”特效的效果 如果 变量 模糊度 = 0 ，则关闭摄像头，停止视频的侦测，然后播放“摇头”声音。小麦变清晰后，重复执行 84 次移动和切换造型的效果，让小麦在舞台上来回走动并回到原点。执行完后，就和小朋友们打招呼，说“铛铛铛～亲爱的小伙伴，我来啦！”3 秒（s）	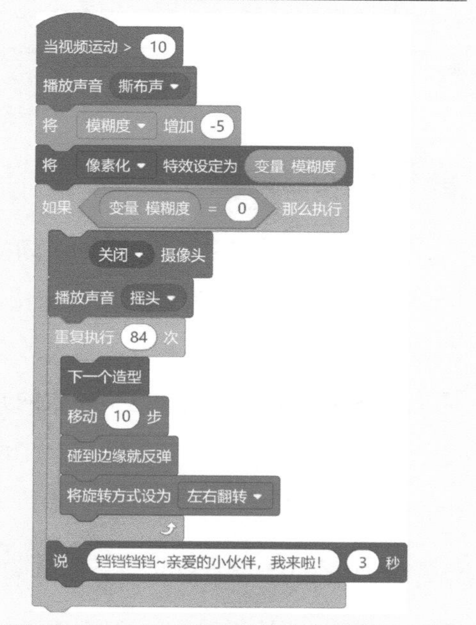

（2）角色“背景”的程序

步骤	程序
单击绿旗后，将背景移到舞台的中央，设置变量模糊度为 100。将像素化特效设置为此变量即可	当 🏴 被点击 移到 x: 0 y: 0 设置 模糊度 ▾ 的值为 100 将 像素化 ▾ 特效设定为 变量 模糊度
因为变量模糊度是由小麦控制的，所以每当检测到运动时，直接将背景的像素化特效设置成变量模糊度，使背景和小麦同步发生变化	

效果展示：

2.4.3 完整程序参考

角色	程序
小麦	当 🏴 被点击 移到 x: 0 y: 0 设置 模糊度 ▾ 的值为 100 将 像素化 ▾ 特效设定为 变量 模糊度 移到最 前面 ▾ 开启 ▾ 摄像头 当视频运动 > 10 播放声音 撕布声 ▾ 将 模糊度 ▾ 增加 -5 将 像素化 ▾ 特效设定为 变量 模糊度 如果 变量 模糊度 = 0 那么执行 关闭 ▾ 摄像头 播放声音 摇头 ▾ 重复执行 84 次 下一个造型 移动 10 步 碰到边缘就反弹 将旋转方式设为 左右翻转 ▾ 说 铛铛铛~亲爱的小伙伴，我来啦! 3 秒

（续）

角　色	程　序
背景	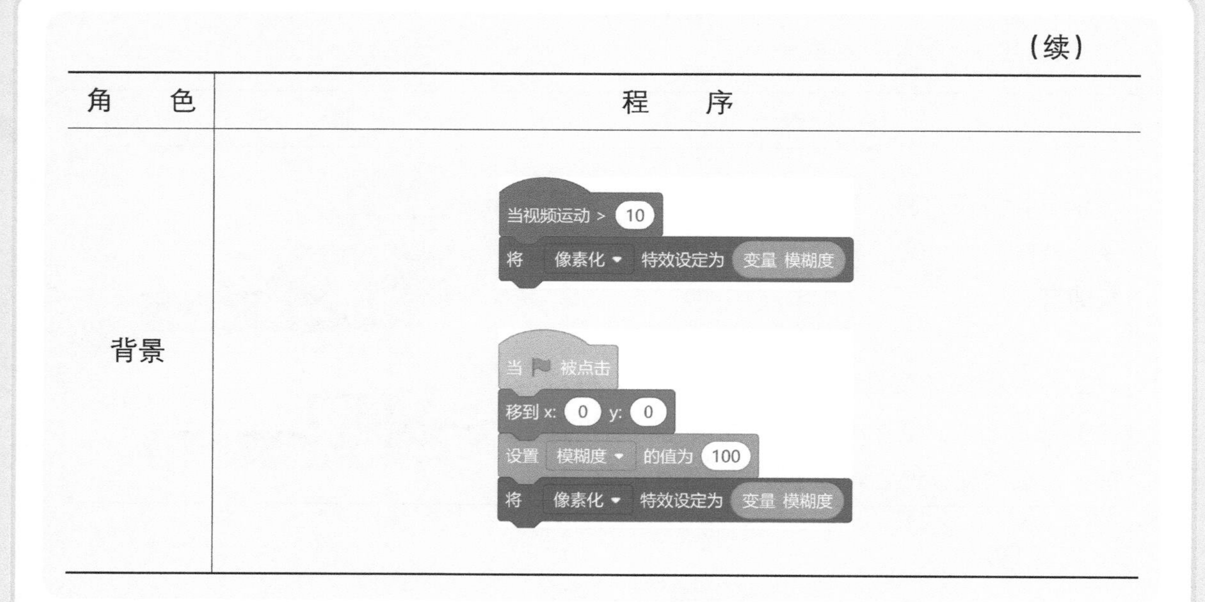

2.5 眼睛的记忆

视觉暂留

自然界中很多生物都是有记忆的，我们人类也是。我们对世界认知的记忆是存储在我们的大脑中的，但其实我们身上还有一个器官也能记住世界，它就是我们的眼睛。不过它的记忆力不是很长，经过科学家的研究发现，当我们眼睛看到一个画面，而画面消失后，这个画面能够在我们的视网膜上停留 0.1~0.4s，也就是我们的视网膜能够在 0.1~0.4s 内记住这个画面。这种现象被科学家称为“视觉暂留”。

视觉暂留其实在我们生活中的应用非常普遍，如上图中有 12 幅人骑着马的图片，如果我们将这 12 幅图片按照顺序在你眼前快速切换，那你将会看见一个人骑着一匹马在奔跑。这样的效果其实就和我们所看的动画片是一样的原理，包括我们在大街小巷看到的电子广告牌上的动画、车轮转动时的现象等。你还能在生活中找到哪些具有视觉暂留现象的例子呢?

第 3 章 文字翻译——环游世界小助手

3.1 语言问题

小麦来到地球后，发现地球上有很多美丽的风景，它想和小朋友们一起去游玩。但他们遇到了一个问题，不同的地方使用的语言不一样，这样会为旅行带来很大的不便。那有没有一种功能，我们每到一个地方就能帮我们翻译当地的语言呢？小麦打开了百宝箱 Mind+，在 Mind+ 中找到了一项人工智能技术能够帮助我们实现这一个功能。我们一起来看看小麦是怎么做的吧！

确认本章目标：设计一个能够帮助我们翻译不同国家语言的小助手。

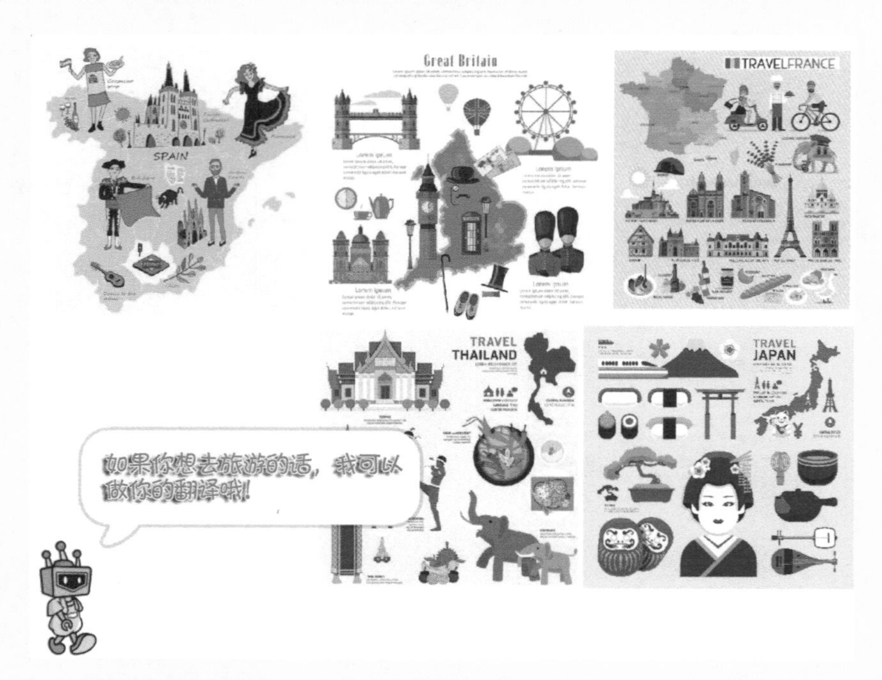

使用翻译功能，当单击某个国家的旅游图片时，就可以开始帮我们进行翻译啦！

3.2 科技面对面——百度翻译

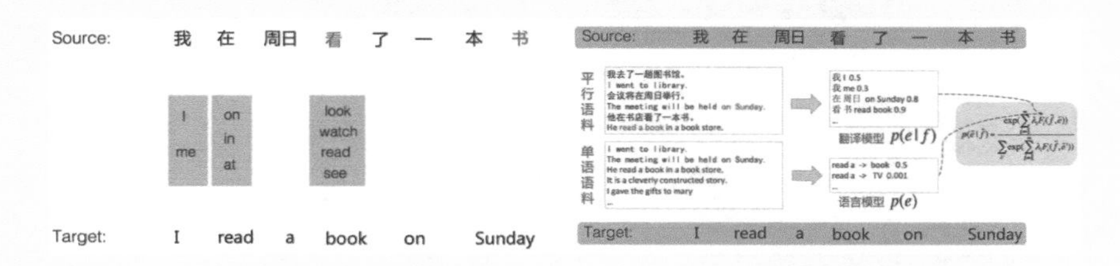

百度翻译用到的是神经网络翻译系统技术。很久以前，机器翻译一门语言是逐字逐句地翻译，有些文字还有一词多义的情况，所以很难理解语言所要表达的准确意思。而神经网络翻译系统技术会先理解语句的意思，再用另外一种语言表达所识别的语句意思。在理解的过程中，系统会从海量的数据库中寻找匹配的语境、通过算法模型得出结论，最后形成我们所看到的翻译结果。

3.3 小麦的秘密武器

3.3.1 “百度翻译”模块

“百度翻译”是 Mind+ 中“功能模块”里的一个功能，可以通过连接网络实现中文到其他文字的翻译，用起来十分便捷。

我们从 Mind+—扩展—网络服务里找到百度翻译功能。

注：使用此功能需要联网。

（1）打开 Mind+，单击“扩展”。

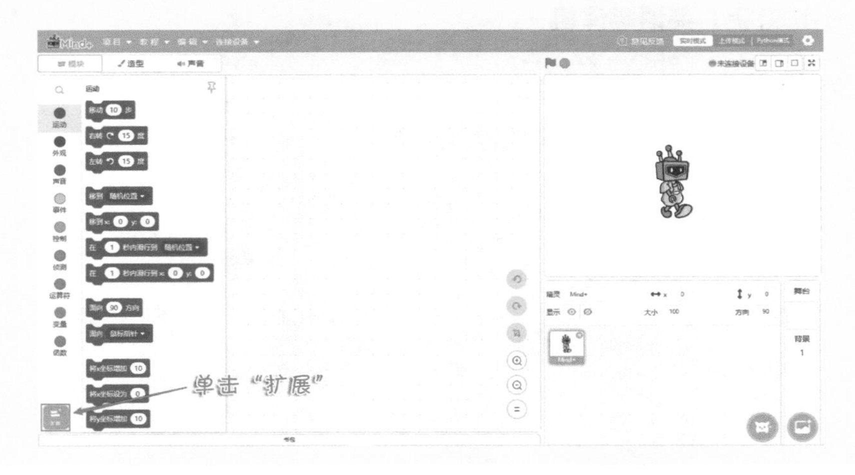

（2）选择网络服务中的百度翻译。

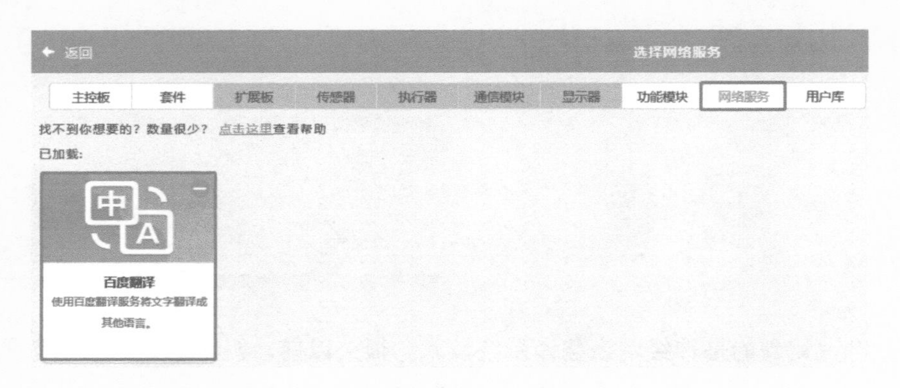

3.3.2 程序指令说明

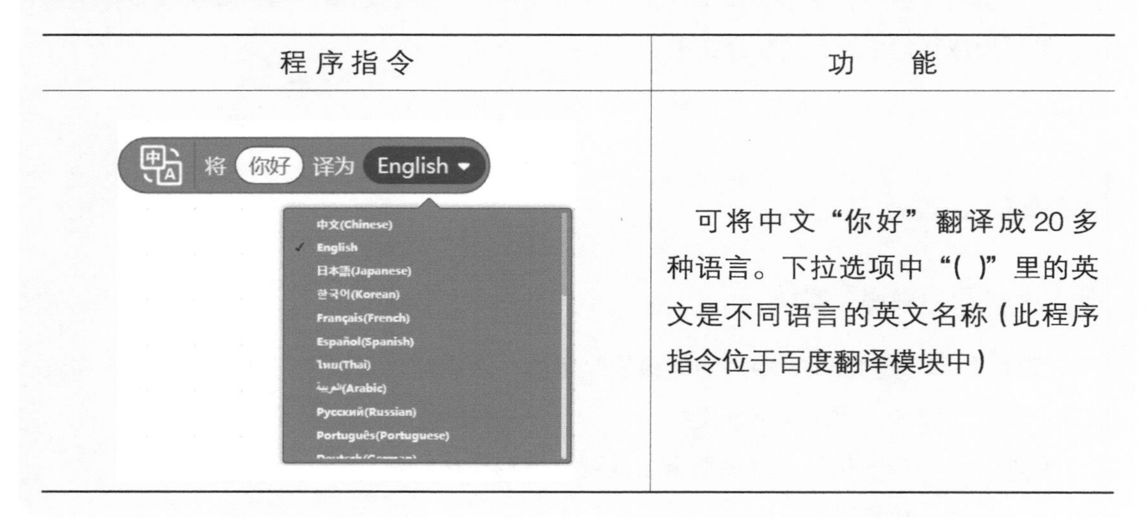

程序指令	功　能
将 你好 译为 English ▾（下拉选项：中文(Chinese)、English、日本語(Japanese)、한국어(Korean)、Français(French)、Español(Spanish)、ไทย(Thai)、عربية(Arabic)、Русский(Russian)、Português(Portuguese)……）	可将中文“你好”翻译成 20 多种语言。下拉选项中“( )”里的英文是不同语言的英文名称（此程序指令位于百度翻译模块中）

3.3.3 小试身手：英语翻译机

通过侦测模块中的“回答”功能，实现将我们输入的答案翻译成英文。“回答”功能用到  模块。

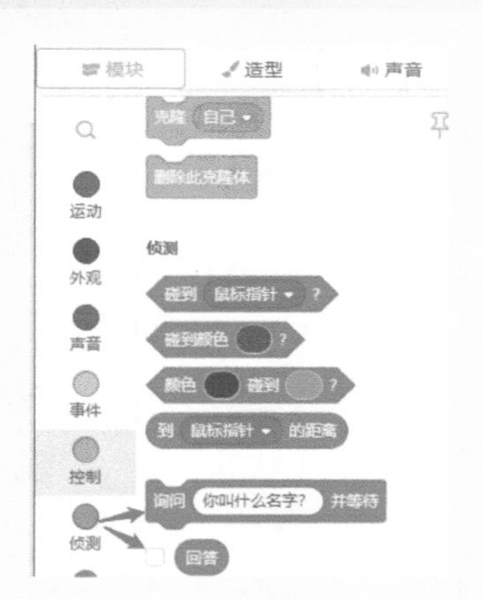

当我们按下空格键，小麦询问“你想让我翻译什么话呢?”并有一个文本框等待你输入回答的内容。输入完成后，单击对话框右方的“√”进行确认，你所输入的文字将会存储到“回答”模块中。

将“回答”模块放入翻译的模块中，就能在舞台界面将我们输入的文字直接翻译过来。

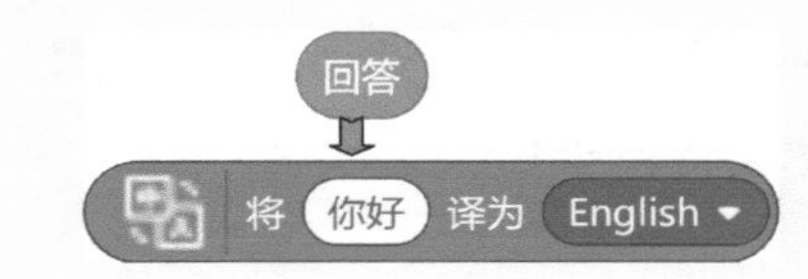

按下空格键触发提问的程序，并让小麦“说”出翻译后的答案。

3.4 目标实现——文字翻译小助手

实现了翻译功能后，我们要做的是添加五个不同的“国家”角色和每个国家对应的背景图。然后每当单击一个“国家”的角色时，翻译模式就变成该国家对应的语言，背景也会切换成该国家对应的背景。在翻译完后，可以按下空格键继续翻译，同时单击小麦可以返回到重新选择“国家”的界面。我们开始动起来吧！

3.4.1 素材准备

从“素材百宝箱”中添加本章节的角色和背景。同之前方式上传素材即可。

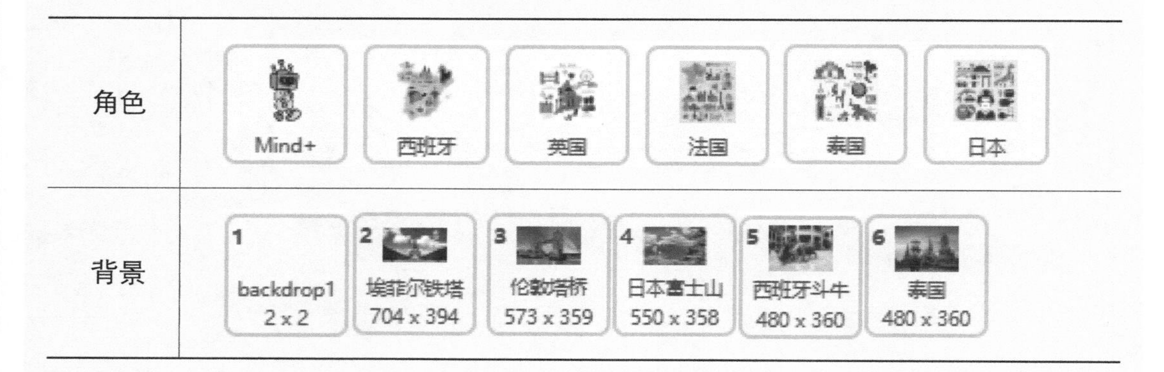

角色和背景的上传方式分别为 Mind+ 屏幕右下角的两个图标，将鼠标指针移动到图标的位置就会出现四种添加角色或背景的方式，选择“上传角色”和“上传背景”进行添加。

注：背景和角色的添加不要混淆哦！

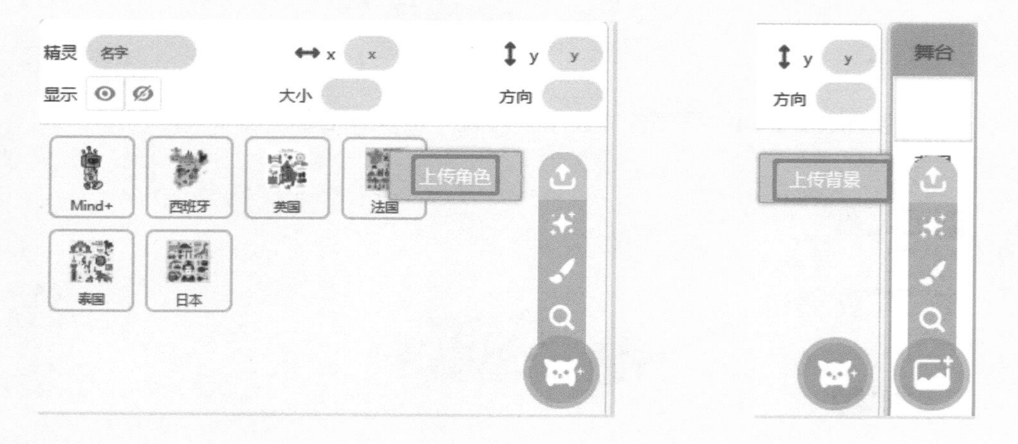

3.4.2 功能实现

1. 将五个“国家”的角色及小麦排布在舞台合适的位置

（1）程序指令介绍

角色移动 `移到 x: 0 y: 0` 位于运动模块中，可将角色移动至指定位置。舞台范围，X 方向：–240~240；Y 方向：–180~180。

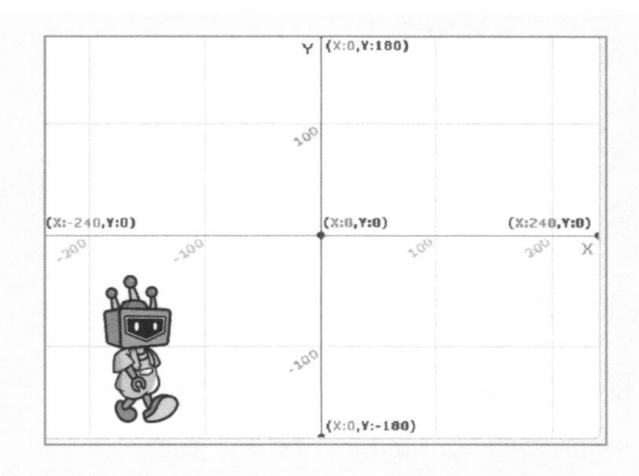

大小设置 将大小设为 100 位于外观模块中，可设置角色大小。

背景切换 

位于外观模块中，可切换已有背景。

（2）功能实现

在单击绿旗后，六个角色将以合适的大小和位置分布在舞台中，将背景切换为纯白色。每个角色对应的程序如下：

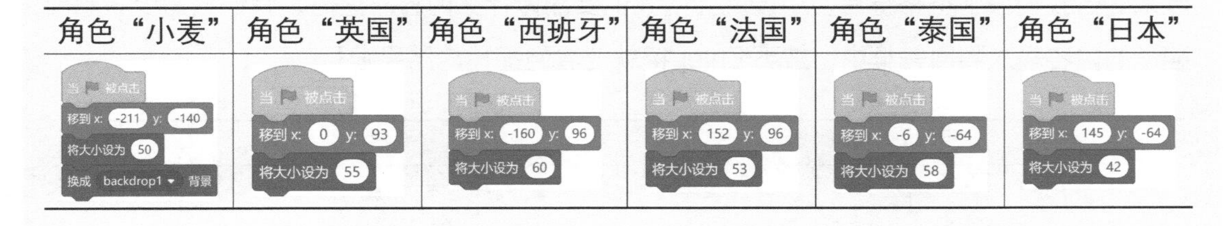

角色“小麦”	角色“英国”	角色“西班牙”	角色“法国”	角色“泰国”	角色“日本”
当 被点击 移到 x: -211 y: -140 将大小设为 50 换成 backdrop1 背景	当 被点击 移到 x: 0 y: 93 将大小设为 55	当 被点击 移到 x: -160 y: 96 将大小设为 60	当 被点击 移到 x: 152 y: 96 将大小设为 53	当 被点击 移到 x: -6 y: -64 将大小设为 58	当 被点击 移到 x: 145 y: -64 将大小设为 42

在程序中设置对应角色的位置和大小是通过手动调整得出的数据，程序的舞台效果如下：

2. 角色选择——背景切换——翻译互动

（1）程序指令介绍

广播（位于事件模块中）：角色或背景，都可以通过 广播 消息1 指令，向其他角色或背景发送消息。和这个消息有关的角色或背景，则需要使用 当接收到 消息1 指令，在接收到广播后做出相应反应（广播消息可以在下拉框中修改），如在小麦角色中，按空格键，会广播“打招呼”，当它接收到广播后，会说“你好”。

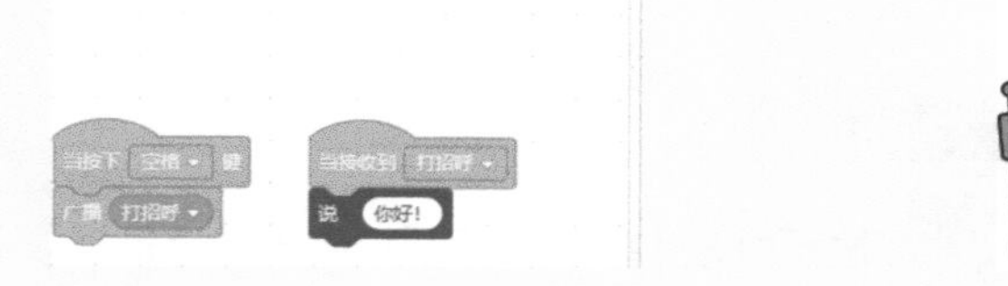

角色和背景的显示与隐藏：显示 显示、隐藏 隐藏 位于外观模块中，可使对应角色或背景显示或隐藏。

（2）功能实现

当单击一个角色时，如英国。背景会切换到英国的伦敦塔桥，其他国家的角色被隐藏起来。当我们按下空格键后，小麦就会问我们要翻译什么内容。这时，我们只需要将想要翻译的内容输入到回答框中，按下 Enter 键就能看到翻译的结果啦！

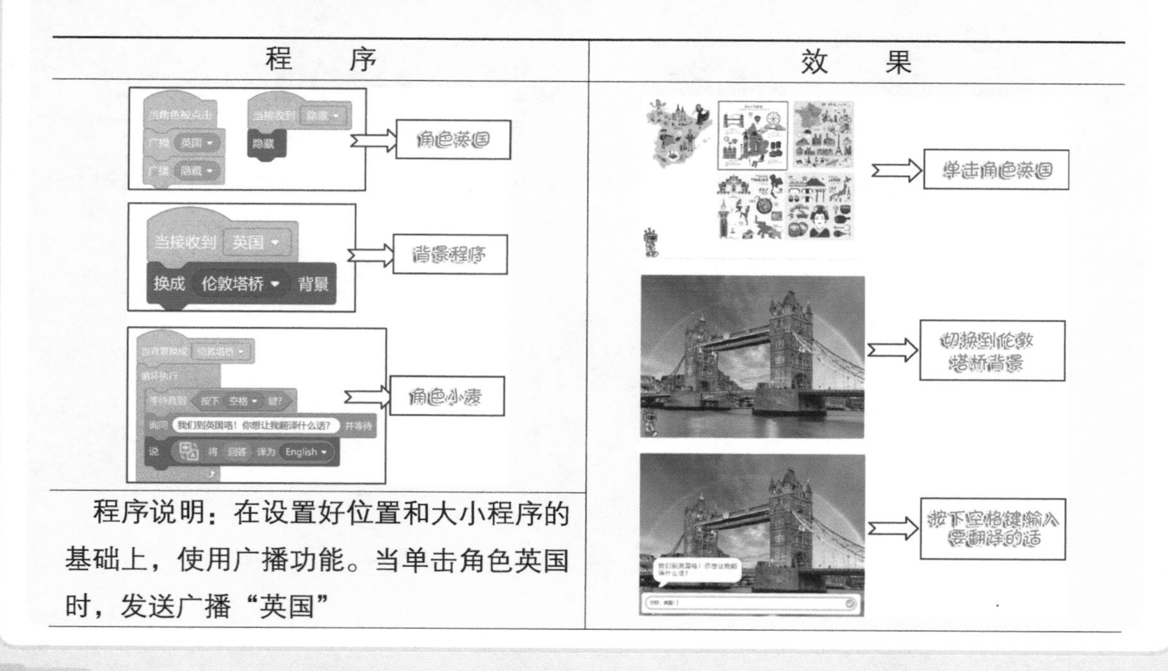

程序说明：在设置好位置和大小程序的基础上，使用广播功能。当单击角色英国时，发送广播“英国”

（续）

程　　序	效　　果
当背景收到广播“英国”时，背景会切换为伦敦塔桥。在按下空格键后，小麦会提示“我们到英国咯！你想让我翻译什么话？”，输入要翻译的内容后，按确认键就能显示出结果啦	

注：我们在实现这个功能的过程中需要将 当接收到 隐藏 隐藏 模块放置到所有的“国家”角色中，这样才能在当我们单击角色英国的时候，切换背景，同时其他无关的角色都会被隐藏起来。

3. 单击另外的四个“国家”角色，出现对应效果

（1）程序指令介绍

等待直到 等待直到 位于控制模块中，作用是等待直到框内程序执行后，才能执行下面程序。

（2）功能实现

通过第二步的功能，完善各“国家”角色、小麦、背景的程序，实现单击任意一个国家角色都可以出现对应的背景图和翻译为相应的国家语言。

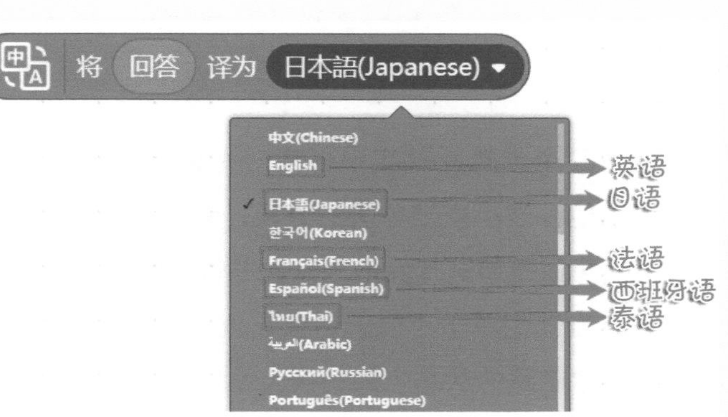

在使用不同国家语言时，可参考右图中不同语言对应的位置。如 English-英语、Japanese-日语、French-法语、Spanish-西班牙语、Thai-泰语。具体程序如下：

角色“西班牙”	角色“法国”	角色“泰国”	角色“日本”
当角色被点击 广播 西班牙 广播 隐藏 当接收到 隐藏 隐藏	当角色被点击 广播 法国 广播 隐藏 当接收到 隐藏 隐藏	当角色被点击 广播 泰国 广播 隐藏 当接收到 隐藏 隐藏	当角色被点击 广播 日本 广播 隐藏 当接收到 隐藏 隐藏

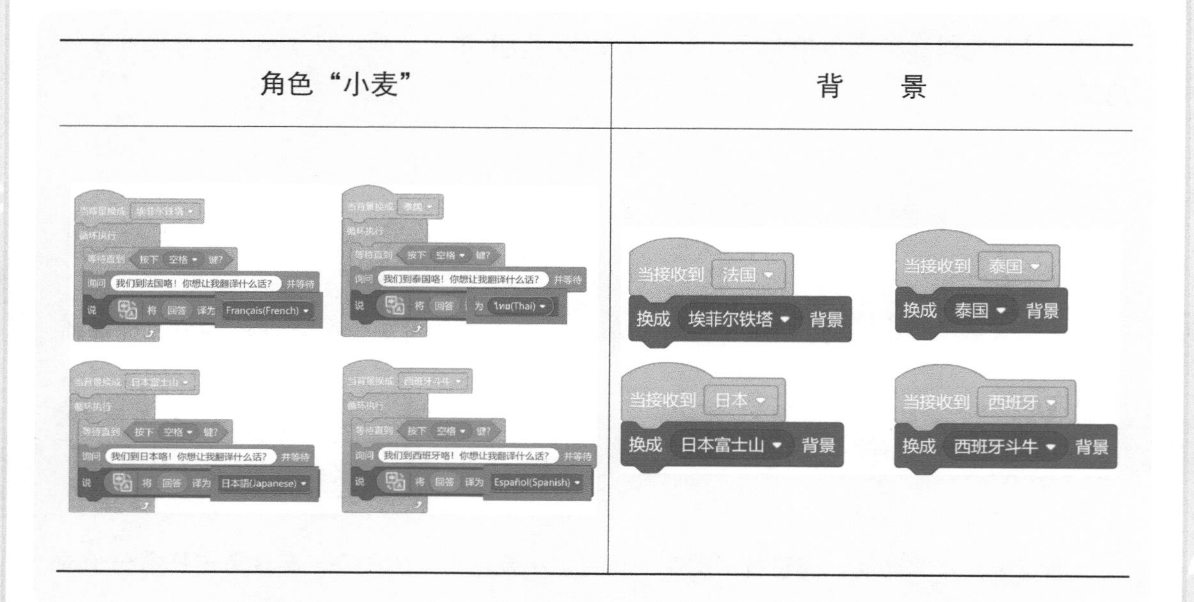

4. 第一次翻译完成后，单击小麦，重选国家

上述三个步骤能够实现任意一种语言的翻译，但只能使用一次。所以我们需要设计一个功能，当小麦被单击的时候，停止翻译功能，界面切换到最开始的选择国家的界面，然后可以重新选择其他国家，并进行翻译。

可以当我们单击小麦的时候，发送一个广播，叫作“显示”，所有国家接收到此广播时，原本隐藏的状态全部切换为显示，背景也换为空白背景。

角色“小麦”	角色“英国”	角色“西班牙”	角色“法国”	角色“泰国”	角色“日本”
当角色被点击 说 广播 显示 换成 backdrop1 背景 停止 该角色的其他脚本	当接收到 显示 显示	当接收到 显示 显示	当接收到 显示 显示	当接收到 显示 显示	当接收到 显示 显示

小麦程序中 说 程序是删除掉了文本部分的内容，目的是覆盖掉前面某个国家的翻译语言。

加入停止的程序 停止 该角色的其他脚本 （位于控制模块中），是因为当背景切换后，任意一个翻译的程序都是循环执行的，所以使用此程序达到停止翻译的功能。

最后，我们在给整个游戏加入一个导语的功能，在单击绿旗后，让小麦做一个项目功能的介绍吧！

小麦在设置好初始位置后，发布一个广播“显示”，然后可以设置为说以下四句话：

1）“小朋友，你知道这五个地方都分别在哪个国家吗？”

2）“如果你想去旅游的话，我可以做你的翻译哦！”

3）“你只需要单击一下图片，然后按下空格键。”

4）“告诉我你想要说的话，我就可以帮你翻译成这个国家的语言啦！”

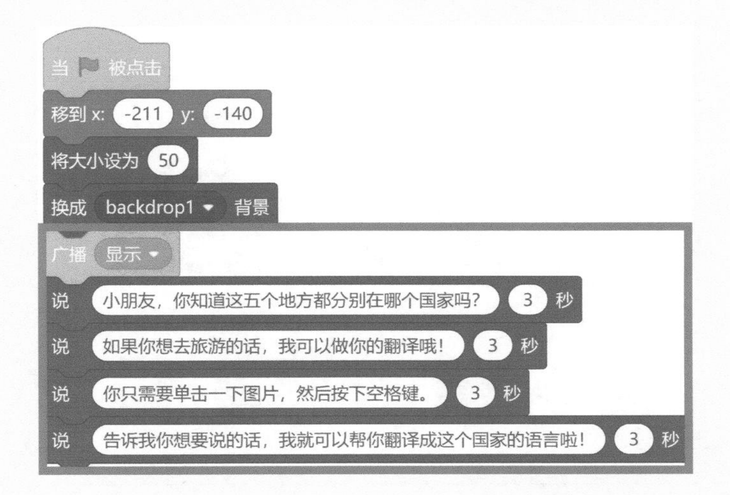

3.4.3 完整程序参考

对　　象	程　　序
角色 “小麦”	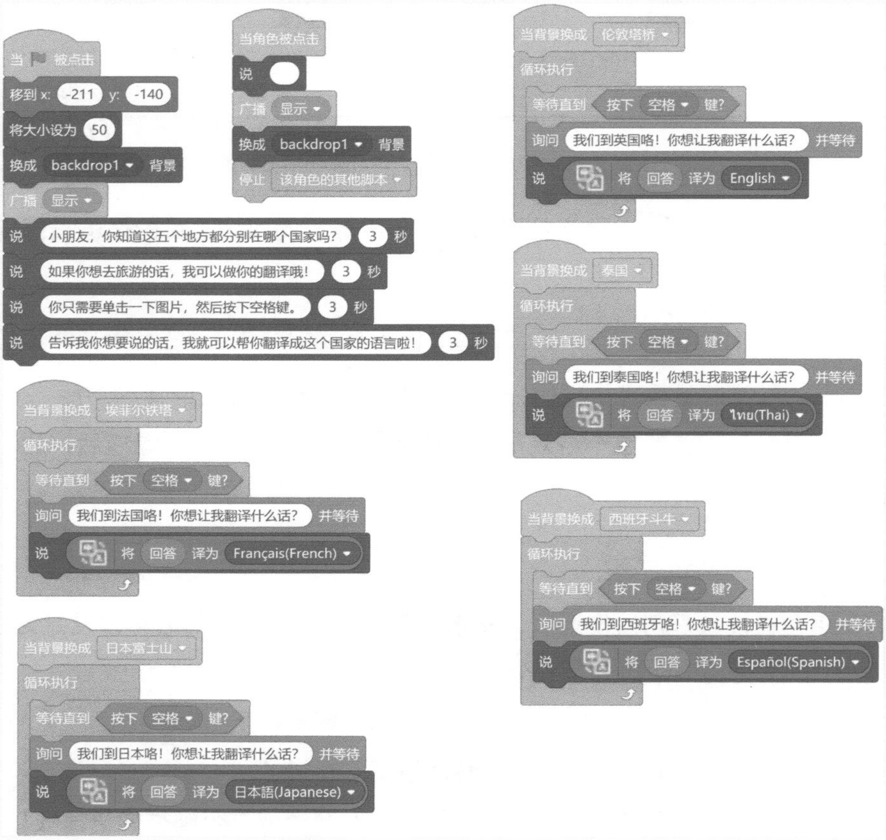 当 被点击 移到 x: -211 y: -140 将大小设为 50 换成 backdrop1 背景 广播 显示 说 小朋友，你知道这五个地方都分别在哪个国家吗？ 3 秒 说 如果你想去旅游的话，我可以做你的翻译哦！ 3 秒 说 你只需要单击一下图片，然后按下空格键。 3 秒 说 告诉我你想要说的话，我就可以帮你翻译成这个国家的语言啦！ 3 秒 当角色被点击 说 广播 显示 换成 backdrop1 背景 停止 该角色的其他脚本 当背景换成 伦敦塔桥 循环执行 等待直到 按下 空格 键? 询问 我们到英国咯！你想让我翻译什么话？ 并等待 说 将 回答 译为 English 当背景换成 泰国 循环执行 等待直到 按下 空格 键? 询问 我们到泰国咯！你想让我翻译什么话？ 并等待 说 将 回答 译为 ไทย(Thai) 当背景换成 埃菲尔铁塔 循环执行 等待直到 按下 空格 键? 询问 我们到法国咯！你想让我翻译什么话？ 并等待 说 将 回答 译为 Français(French) 当背景换成 西班牙斗牛 循环执行 等待直到 按下 空格 键? 询问 我们到西班牙咯！你想让我翻译什么话？ 并等待 说 将 回答 译为 Español(Spanish) 当背景换成 日本富士山 循环执行 等待直到 按下 空格 键? 询问 我们到日本咯！你想让我翻译什么话？ 并等待 说 将 回答 译为 日本語(Japanese)
角色 “西班牙”	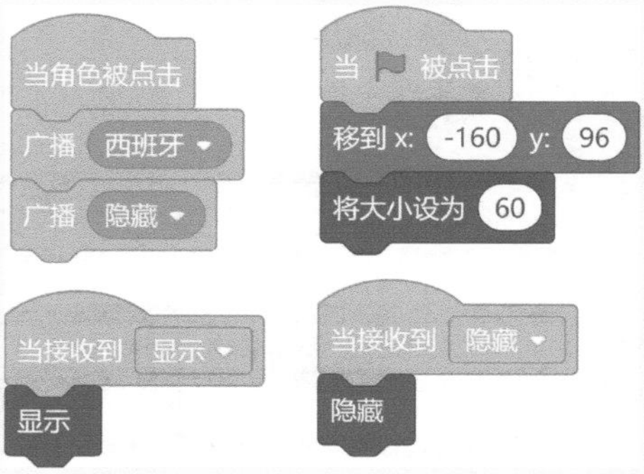 当角色被点击 广播 西班牙 广播 隐藏 当 被点击 移到 x: -160 y: 96 将大小设为 60 当接收到 显示 显示 当接收到 隐藏 隐藏

（续）

对　象	程　序
角色“英国”	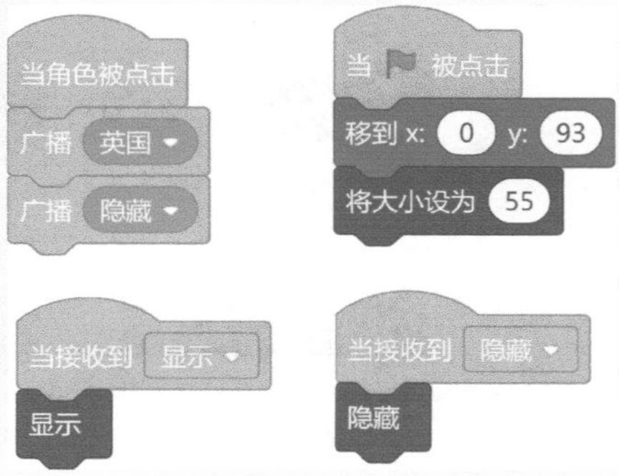 当角色被点击 广播 英国 广播 隐藏；当 被点击 移到 x: 0 y: 93 将大小设为 55；当接收到 显示 显示；当接收到 隐藏 隐藏
角色“泰国”	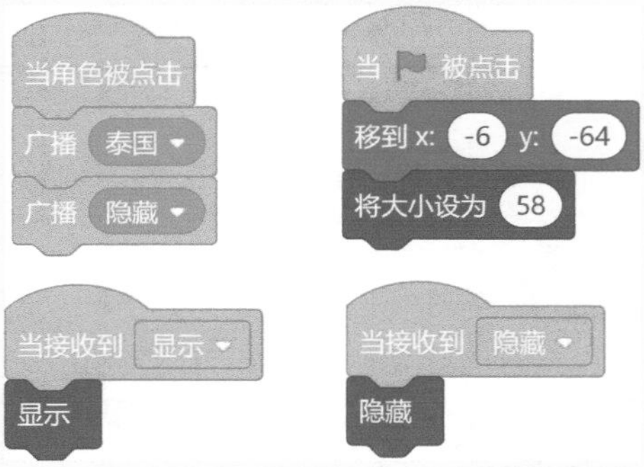 当角色被点击 广播 泰国 广播 隐藏；当 被点击 移到 x: -6 y: -64 将大小设为 58；当接收到 显示 显示；当接收到 隐藏 隐藏
角色“日本”	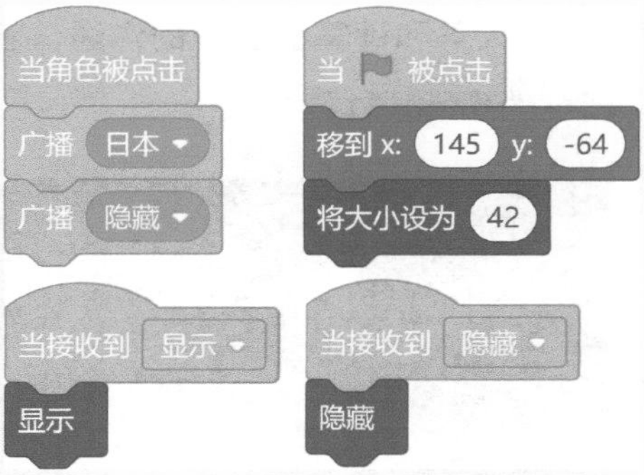 当角色被点击 广播 日本 广播 隐藏；当 被点击 移到 x: 145 y: -64 将大小设为 42；当接收到 显示 显示；当接收到 隐藏 隐藏
角色“法国”	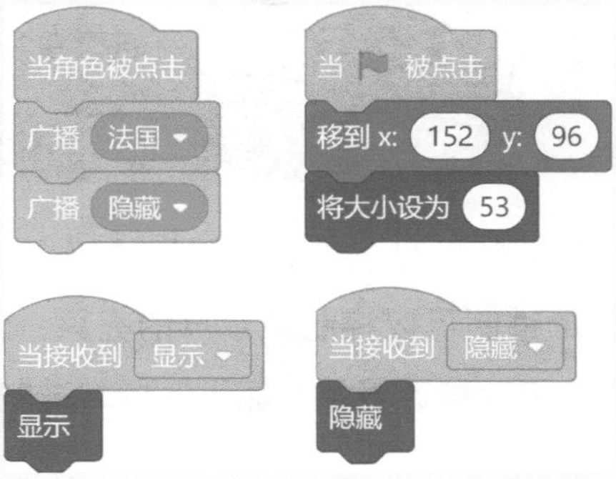 当角色被点击 广播 法国 广播 隐藏；当 被点击 移到 x: 152 y: 96 将大小设为 53；当接收到 显示 显示；当接收到 隐藏 隐藏

（续）

对　　象	程　　序
背景	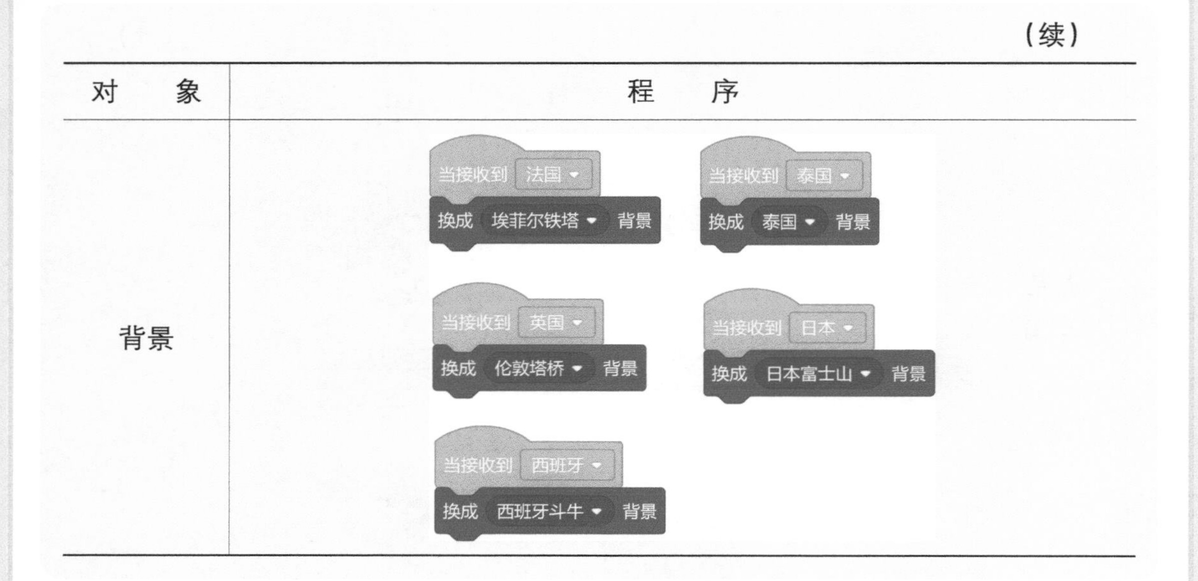

3.5　语言的数字

语言是人类沟通的开始，世界上目前查明的语言有 5000 多种。但随着社会的进步、科技的发展、全球化的发展，大量的语言濒临消失。但与此同时，有一种新的语言已经悄然诞生，这门语言用于人类和计算机世界的沟通，它就是“二进制语言”，而二进制语言里的文字只有两个，“0”和“1”。

在计算机的世界里，“0”可以代表“假”，“1”可以代表“真”，通过不同的程序和硬件结构，计算机用二进制可以控制显示屏的亮灭、灯的开关、信息的发送与接收等。而我们所编写的程序也将会被计算机“翻译”成二进制语言以进行信息的处理。

第4章 人脸识别——小麦教我“川剧变脸”

4.1 超酷炫川剧变脸

“Hi，小伙伴们，我最近在电视上看到了一个非常神奇又有趣的表演，一位身穿戏服、手拿折扇的大红脸演员，用折扇挡住脸部，1s后，‘唰’地一下移开折扇，大红脸瞬间变成了大白脸！太神奇啦！我赶紧上网搜索了一下这种表演形式，原来这就是‘川剧变脸’！我也好想体验一下变脸的感觉，可搜索后发现，川剧变脸是一门绝技，平常人很难有机会学习到。当时感觉有点遗憾，但我忽然灵机一动：我们能不能利用人工智能技术来体验一下变脸的乐趣呢？当然可以啦，现在就让我们一起来设计人人都能学会的‘川剧变脸’吧。”

确认本章目标：利用摄像头，通过标记人脸关键点实现人脸追踪，让舞台上的脸谱可以跟着我们面部移动，当我们像变脸演员一样挡住自己的脸，然后移开双手，我们的脸再次出现在舞台上时，就会出现一张新的脸谱，配合变脸的背景音乐，我们就可以开始表演“川剧变脸”啦。

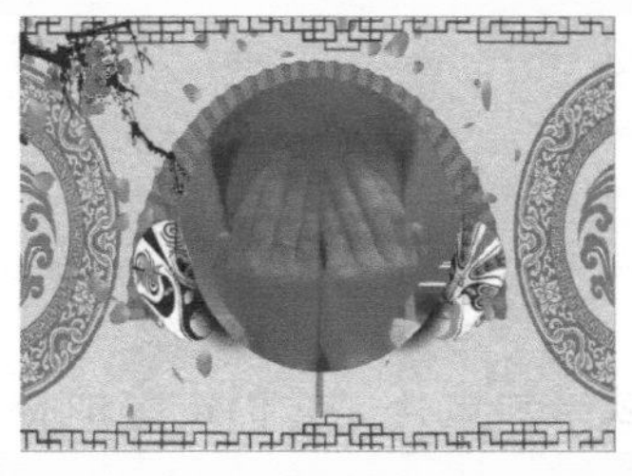

变脸部分过程

4.2 科技面对面——人脸追踪技术

4.2.1 一起读一读

人脸追踪首先需要识别到人脸，在检测到人脸的前提下，通过计算机的分析处理，从摄像头捕捉的画面中找出人脸，并分析出人脸的数目、位置、大小等有效信息。然后通过不断地获取摄像头采集的图片进行数据分析，实现人脸追踪的效果。人脸追踪技术也广泛应用于生活中，如无人驾驶汽车、无人超市、智能摄像头等场景。

4.2.2 一起试一试

人脸追踪首先要识别出人脸，才能进行追踪。计算机想要识别出一张人脸和人去识别一张人脸是不一样的，计算机需要分析人脸上的很多信息。如下面这幅图，你认为下面这幅图是人脸吗？拿出一个智能手机，打开照相机，看看能不能识别出下面这幅图是人脸呢？尝试自己画一个人脸图，看看照相机能不能识别出人脸吧。

数据分析	人　脸　画
眼睛	
鼻子	
嘴巴	
眉毛	
耳朵	
饱满的脸型	
五官位置分布	
……	

4.3 小麦的秘密武器

4.3.1 “ML5”模块

“ML5”是一种简单的机器学习算法，我们可以把 ML 理解成 Machine Learning 的缩写，翻译过来就是“机器学习”。在 Mind+ 中，我们可以体验到 ML5 的多种功能，如

KNN 分类、FaceAPI 人脸识别追踪、PoseNet 姿态识别、mobileNet 物体识别等功能。

功能添加方式：Mind+—扩展—功能模块—机器学习（ML5）。

1）打开 Mind+，单击扩展。

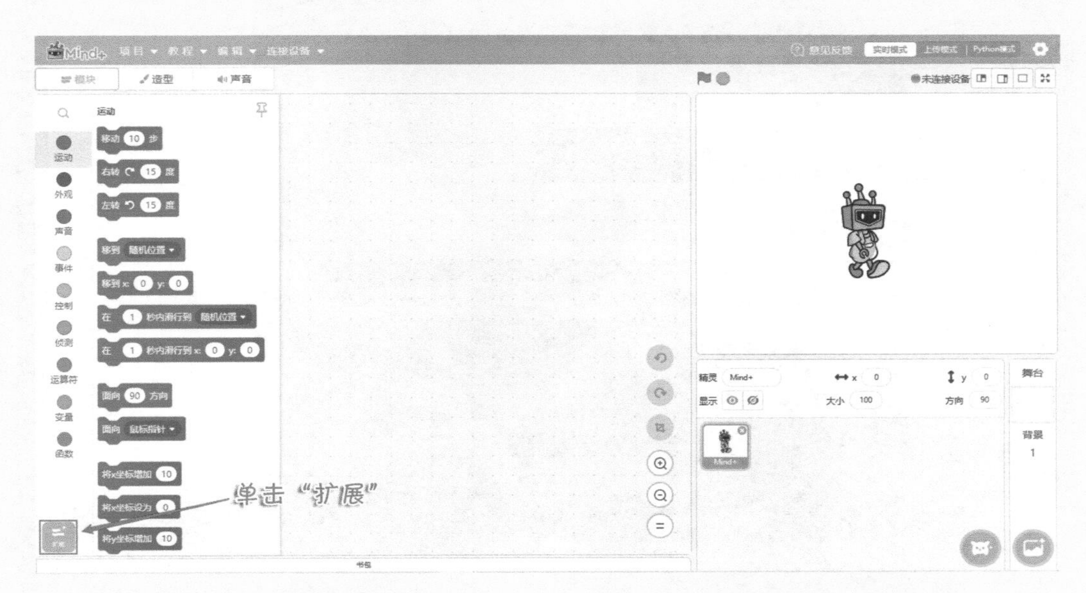

2）选择功能模块中的机器学习（ML5）。

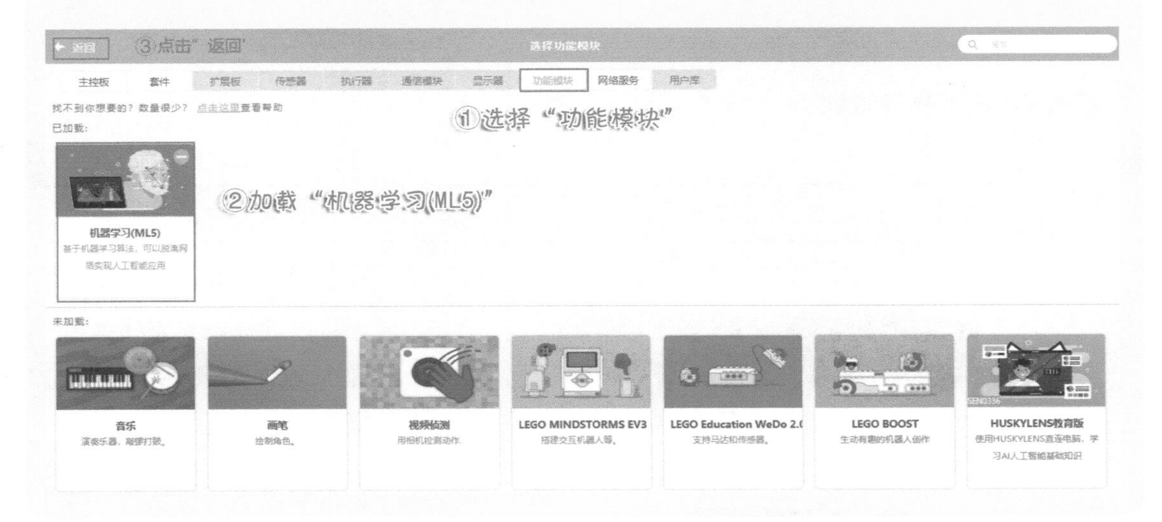

4.3.2 “人脸追踪”功能

机器学习（ML5）模块中的 FaceAPI 具有人脸识别和人脸追踪两大功能。人脸追踪能够实时识别人脸的位置，然后显示轮廓并返回坐标值。通过计算机摄像头或者外接一个摄像头，结合 Mind+ 编程可以制作生活中使用“人脸追踪”的多种应用场景哦！

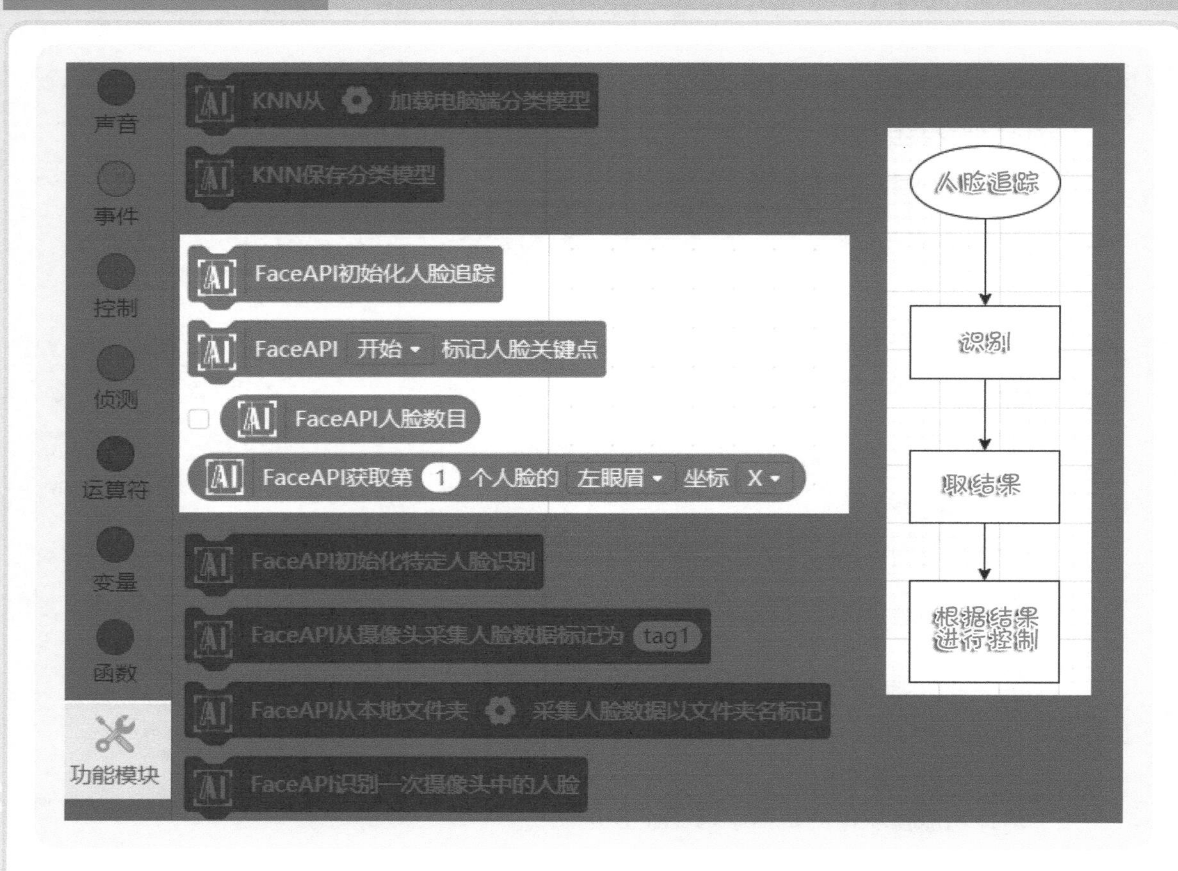

4.3.3 程序指令说明

程序指令	功　能
使用 弹窗 显示摄像头画面	单击“弹窗”旁边的▼符号，可以选择设置是用弹窗还是 Mind+ 的舞台背景作为摄像头的画面显示
开启 摄像头	单击▼符号可以选择“开启”“关闭”或“镜像开启”，来设置摄像头打开的模式
FaceAPI初始化人脸追踪	初始化人脸追踪功能，并清除之前所有的追踪数据

（续）

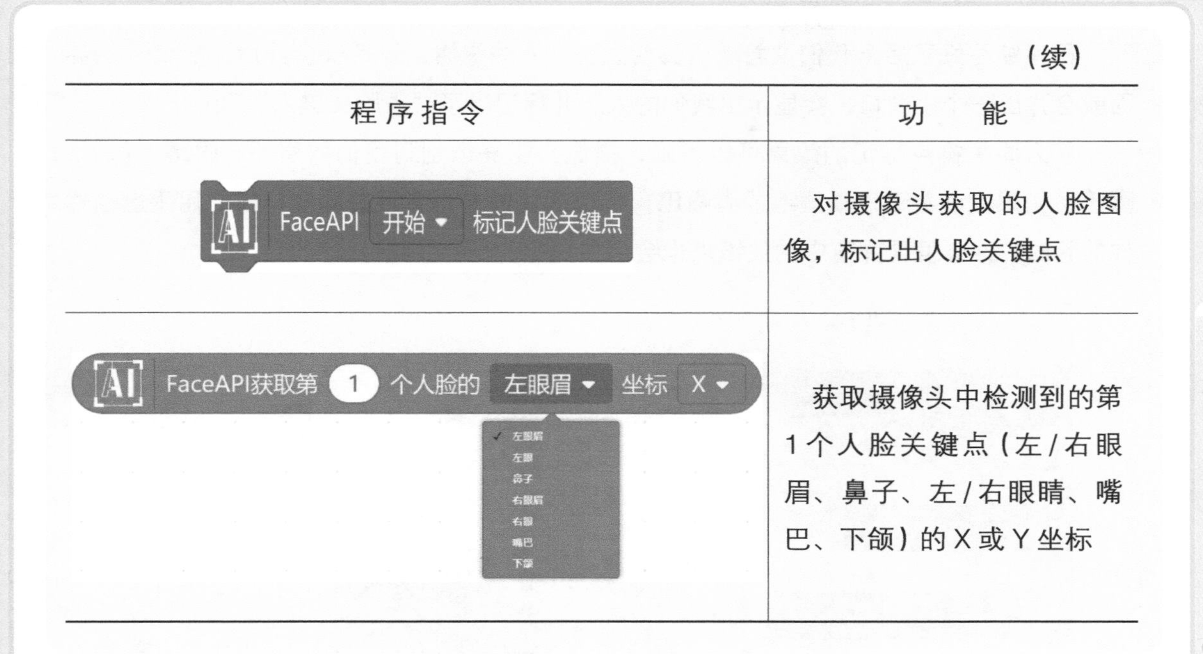

程序指令	功能
FaceAPI 开始 ▾ 标记人脸关键点	对摄像头获取的人脸图像，标记出人脸关键点
FaceAPI获取第 1 个人脸的 左眼眉 ▾ 坐标 X ▾	获取摄像头中检测到的第1个人脸关键点（左/右眼眉、鼻子、左/右眼睛、嘴巴、下颌）的X或Y坐标

4.3.4 小试身手：让计算机识别到我们的脸

让计算机识别到我们的脸，只需要三个步骤：设置好摄像头的画面模式并打开摄像头—开启人脸追踪功能—开启人脸关键点标记。

注：由于“开启摄像头”和“FaceAPI 初始化人脸追踪”两个指令在运行时如果计算机性能较差的话会有些卡顿，所以在指令后面加入延时模块是为了避免程序运行太快而跟后面的程序发生冲突导致严重卡顿。

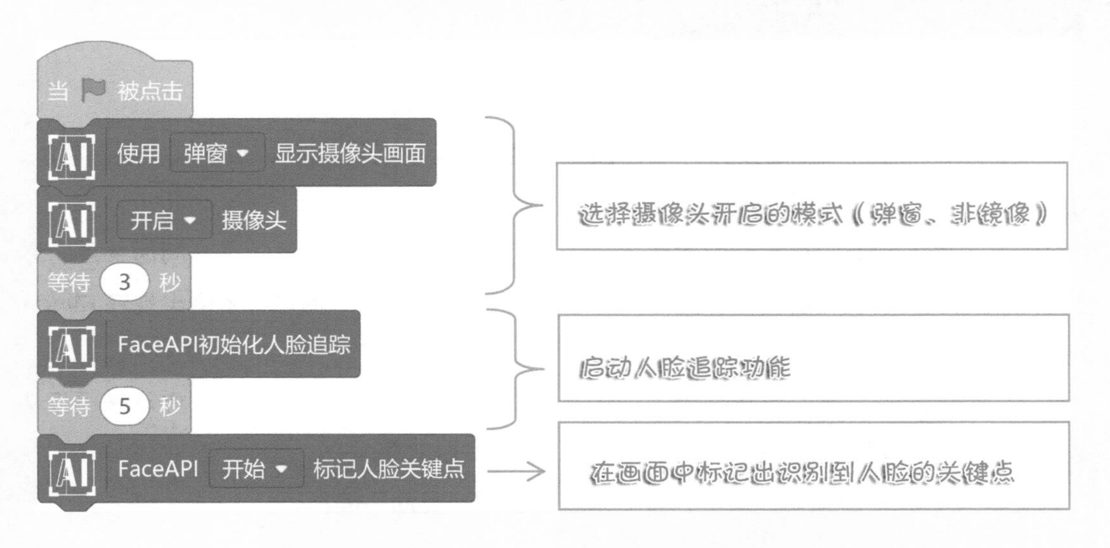

程序编写好了后，我们试着单击舞台区左上方的绿旗，等待一会儿后，Mind+ 的界面就会弹出一个小窗口，会显示出我们的人脸并标记出了“人脸关键点”哦！

从人脸关键点标记的效果可以看到，摄像头能够识别到我们的眉毛、眼睛、鼻子、嘴巴，如果你试着动一动眉毛或者嘴巴，标记的关键点也会跟着动哦！当你用手遮挡住你的脸时，你会发现弹窗中的关键点也会消失。

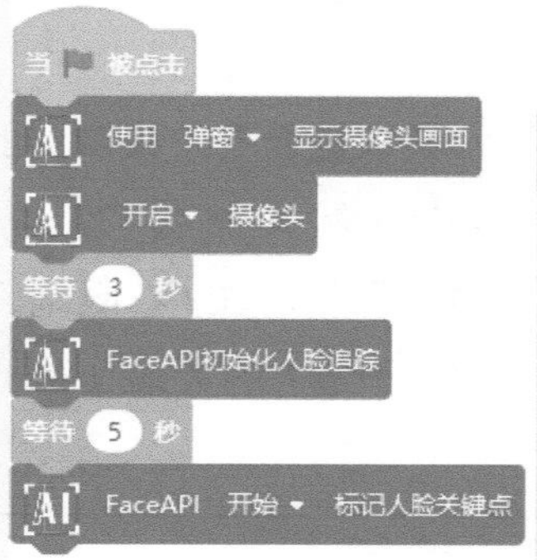

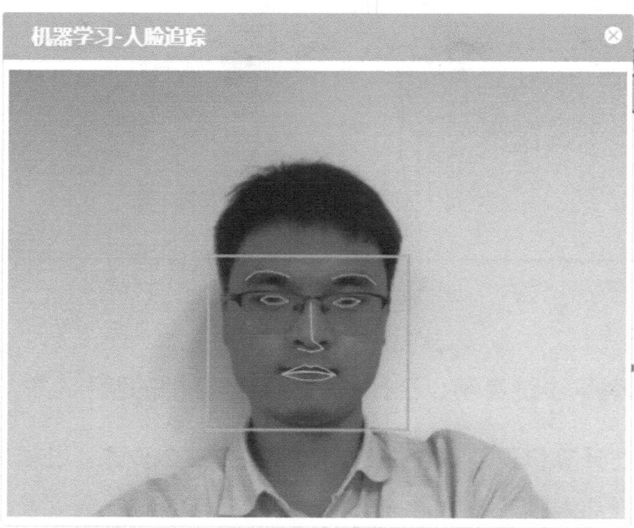

4.4 目标实现——川剧大变脸

设计一个川剧大变脸的游戏，我们需要想好一个变脸的流程：

1）开启 AI 人脸追踪功能：单击绿旗，用舞台显示摄像头画面，启动人脸追踪功能，小麦会提示你“按下空格键开启川剧变脸之旅吧！”

2）运用人脸追踪实现戴脸谱效果：按下空格键，小麦会隐藏起来，同时播放背景音乐（比如歌曲《说唱脸谱》），摄像头识别到我们的人脸后，“脸谱”就会出现在 Mind+ 的舞台区，并可以跟着我们的脸移动。

3）实现变脸效果：当我们用手挡住脸再快速移开手，让我们的脸部重新被摄像头识别到时，“脸谱”就会切换到下一个造型，实现变脸效果。

这样流程我们就梳理完成啦，接下来就让我们一起动手编程吧！

4.4.1 素材准备

从“素材百宝箱”中添加本章的角色、造型和声音。

1. 脸谱上传

1）从“素材百宝箱”中先添加一个角色“脸谱”（蓝脸）。

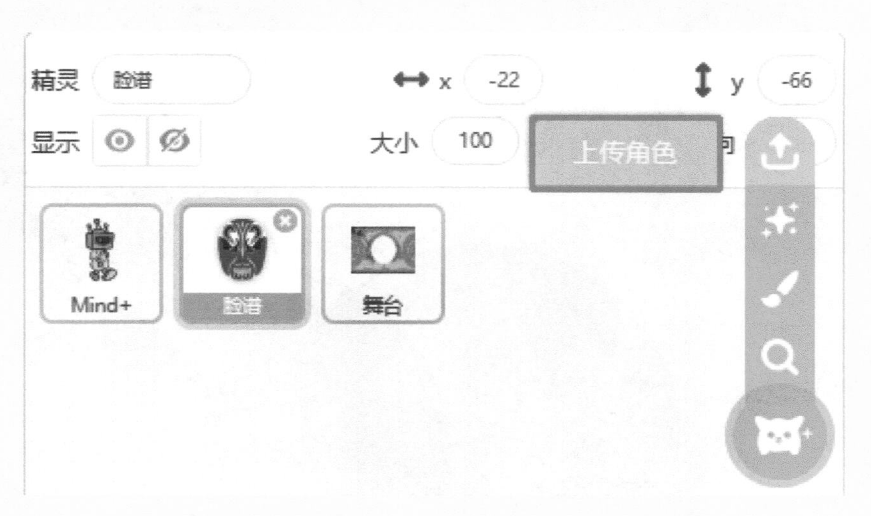

2）单击角色“脸谱”，再单击 Mind+ 左上方的“造型”，然后在造型中选择“上传造型”按钮添加其他四个脸谱，这样就能够通过切换造型来实现变脸的效果了。

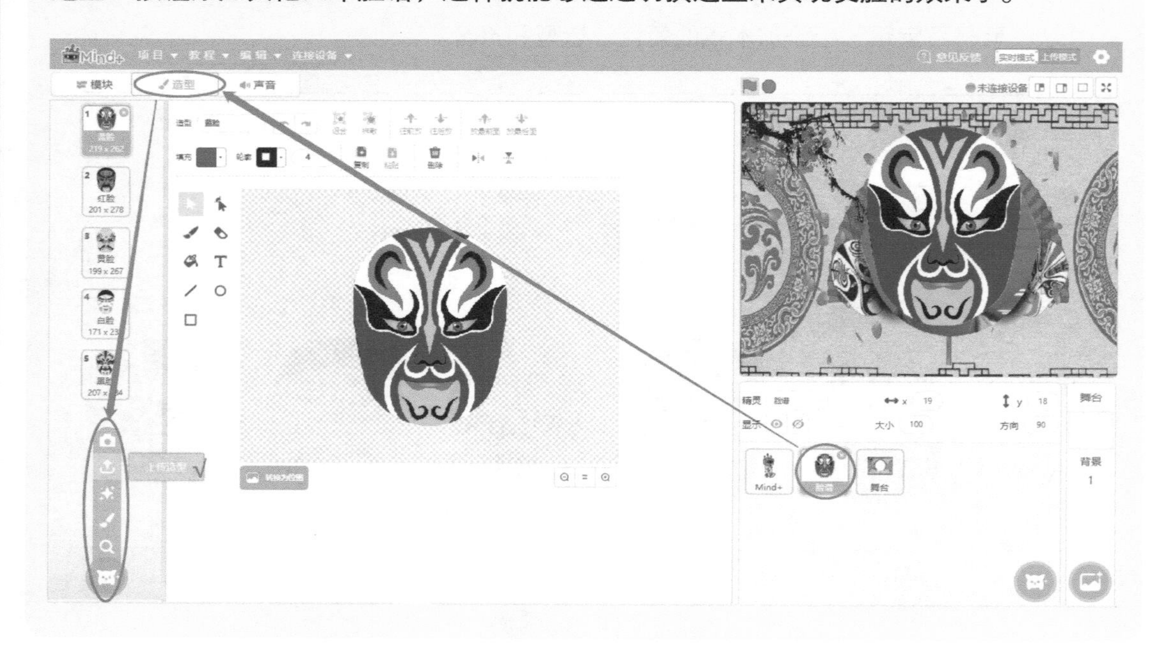

2. 音乐上传

音乐的程序我们是放在角色小麦中的，所以先选择小麦的角色，然后单击 Mind+ 左上角“声音”，接着单击左下角的按钮选择“上传声音”，将素材中的音乐上传即可。

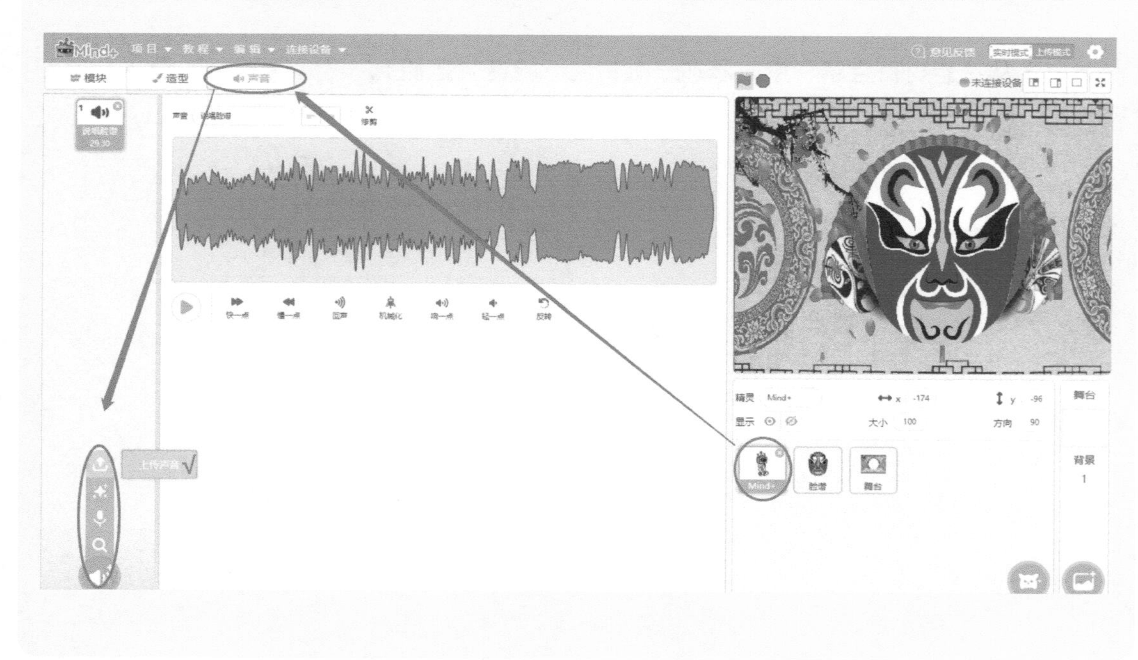

3. 舞台背景添加

在上传角色中对“舞台”角色进行添加，然后将“舞台”调整到中间位置，将“舞台”的 x 和 y 坐标值设置为 0（可直接在角色列表区进行设置）。

通过以上三步，我们所需要的素材就已经全部添加好啦。

4.4.2 功能实现

1. 设置“舞台”背景

程序所在角色：舞台。

功能效果：将角色“舞台”移到所有角色后面（最底层）。

程　　序	效　　果
当 被点击 移到最 后面	“舞台”移到最前面的效果： 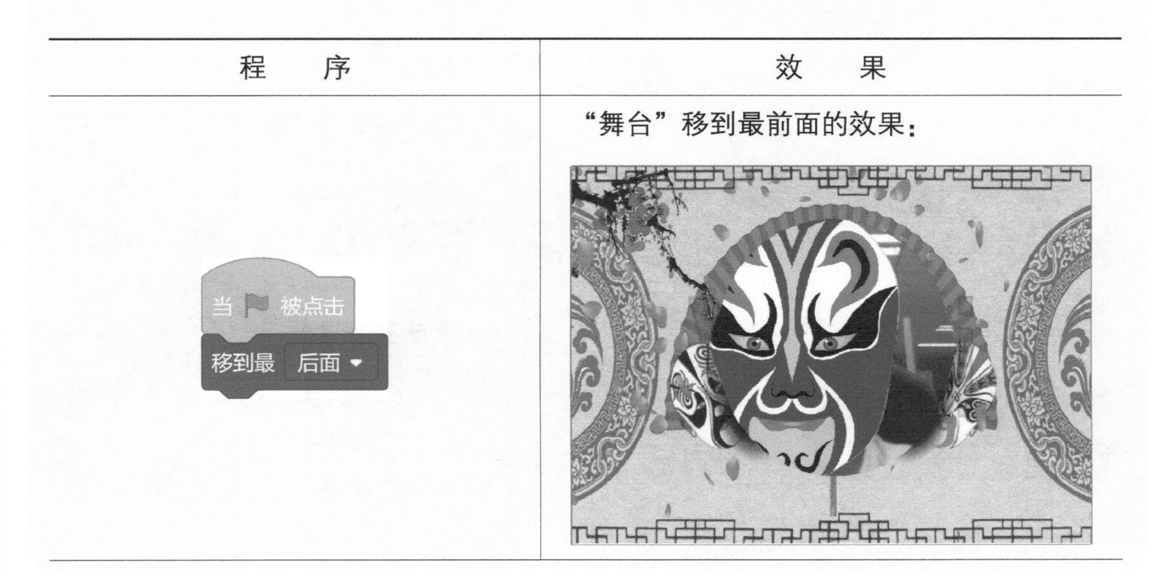

（续）

程　　序	效　　果
程序说明：“移到最后面”是在外观模块中的，如果我们是最后添加的舞台角色，就会挡住前面上传的角色，所以我们需要用这个指令让舞台移到最后面	“舞台”移到最后面的效果： 

2. 开启 AI 人脸追踪功能

程序所在角色：小麦。

功能效果：当单击绿旗的时候小麦出现，开启摄像头，按下空格键后，小麦隐藏，并播放背景音乐。

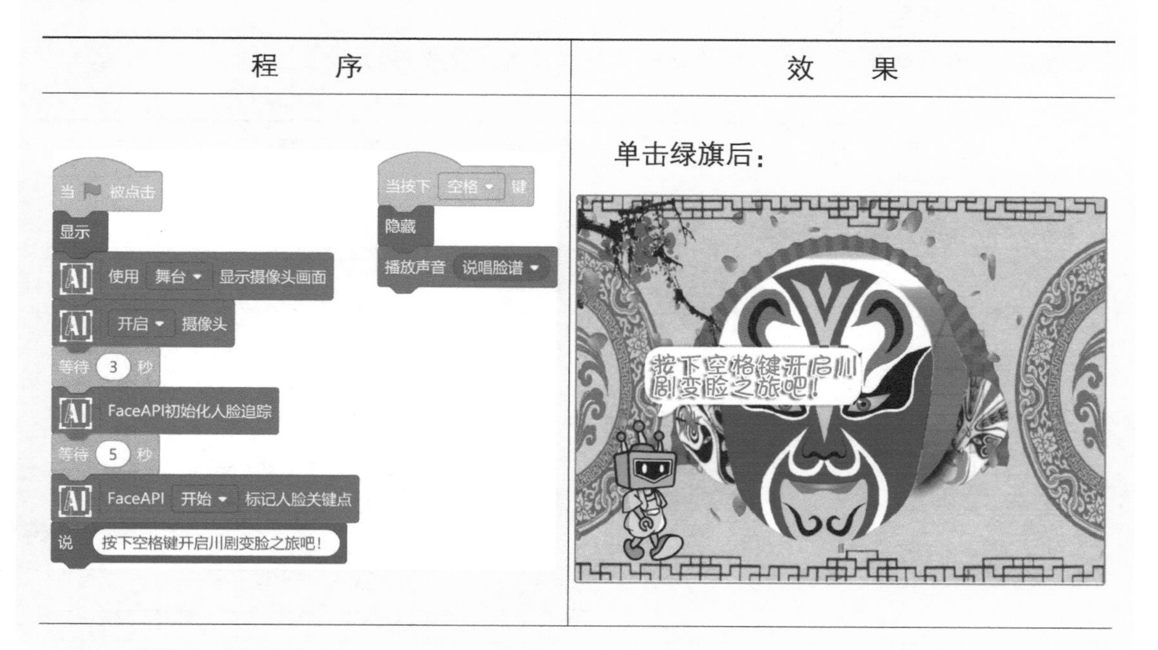

（续）

程　　序	效　　果
程序说明：单击绿旗，将摄像头画面选择为“使用舞台显示摄像头画面”，完成人脸追踪功能的启动。在完成启动后，小麦会提示“按下空格键开启川剧变脸之旅吧！”，等到空格键按下后，小麦隐藏，播放背景音乐	按下空格键后： 

3. 运用人脸追踪实现戴脸谱效果

程序所在角色：脸谱。

功能效果：按下空格键后，脸谱显示出来，并可以跟着人脸进行移动，让脸谱一直戴在我们的脸上。

程　　序	效　　果
当 被点击 隐藏 当按下 空格 键 循环执行 显示 移到 x: -42 y: -5 FaceAPI获取第 1 个人脸的 鼻子 坐标 X FaceAPI获取第 1 个人脸的 鼻子 坐标 Y	

（续）

程　序	效　果
程序说明：“FaceAPI 获取第 1 个人脸的鼻子坐标 X/Y”指的是将摄像头识别到的屏幕前你的鼻子的位置，同步到舞台上的坐标中。所以在“移到 x：　y：　”程序块的两个可填写数字的框中，嵌入摄像头获取的鼻子的 X 和 Y 坐标，然后将整个程序放入重复执行中即可实现追踪效果（由于完整程序较宽，不便于显示，所以用箭头表示程序放置的位置）	

4. 实现变脸效果

程序所在角色：脸谱。

功能效果：当我们每次用手挡住脸并迅速移开手后，脸谱就会改变，从而实现变脸效果。

程　序	效　果
如果 FaceAPI人脸数目 = 0 那么执行 隐藏 下一个造型 等待 1 秒	

（续）

程　　序	效　　果
程序说明：变脸的程序是接在追踪功能程序后面的，做判断的条件是“FaceAPI 人脸数目 =0”，也就是没有检测到人脸的时候（如果我们用手挡住脸，即检测不到人脸），脸谱先隐藏然后切换到下一个脸谱，并等待 1 秒（s），再显示并持续跟踪人脸。等待 1s 的意义在于减缓程序运行时的卡顿情况。	

程序完成！其实，川剧变脸中不同的脸谱代表的是不同的人物，反映了不同的人物性格色彩，小伙伴们也可以通过互联网了解更多的脸谱知识，准备自己喜欢的脸谱素材添加到程序里，制作属于自己的“川剧大变脸”吧。

注：当在舞台显示摄像头画面，使用“标记人脸关键点”指令时，如果你不希望摄像头画面显示脸部的标记，可以通过 [AI] 关闭 ▾ 绘制识别结果 指令来关闭标记，但不会影响功能的实现。

跟着背景音乐进行变脸效果的展示，让脸谱的颜色和背景音乐的歌词对应上，玩起来会更加有趣哦。

4.4.3 完整程序参考

角色	程序
小麦	当 🏁 被点击 显示 使用 舞台 显示摄像头画面 开启 摄像头 等待 3 秒 FaceAPI初始化人脸追踪 等待 5 秒 FaceAPI 开始 标记人脸关键点 说 按下空格键开启川剧变脸之旅吧！ 当按下 空格 键 隐藏 播放声音 说唱脸谱
脸谱	当按下 空格 键 循环执行 显示 移到 x: FaceAPI获取第 1 个人脸的 鼻子 坐标 X y: FaceAPI获取第 1 个人脸的 鼻子 坐标 Y 如果 FaceAPI人脸数目 = 0 那么执行 隐藏 下一个造型 等待 1 秒 当 🏁 被点击 隐藏
舞台	当 🏁 被点击 移到最 后面

4.5 川剧变脸小故事

相传“变脸”是古代人类面对凶猛的野兽，为了生存把自己脸部用不同的方式勾画出不同形态，以吓唬入侵的野兽。川剧把“变脸”搬上舞台，用绝妙的技巧使它成为一门独特的艺术文化。变脸，用以表现剧中人物的情绪、心理状态的突然变化——或惊恐，或绝望，或愤怒，或阴险等，达到“相随心变”的艺术效果。不同的脸谱也反映出了不同的人物情绪，如歌词中唱的“红脸的关公、白脸的曹操、黑脸的张飞……”，你知道红脸、白脸、黑脸分别代表着什么含义吗?

脸谱	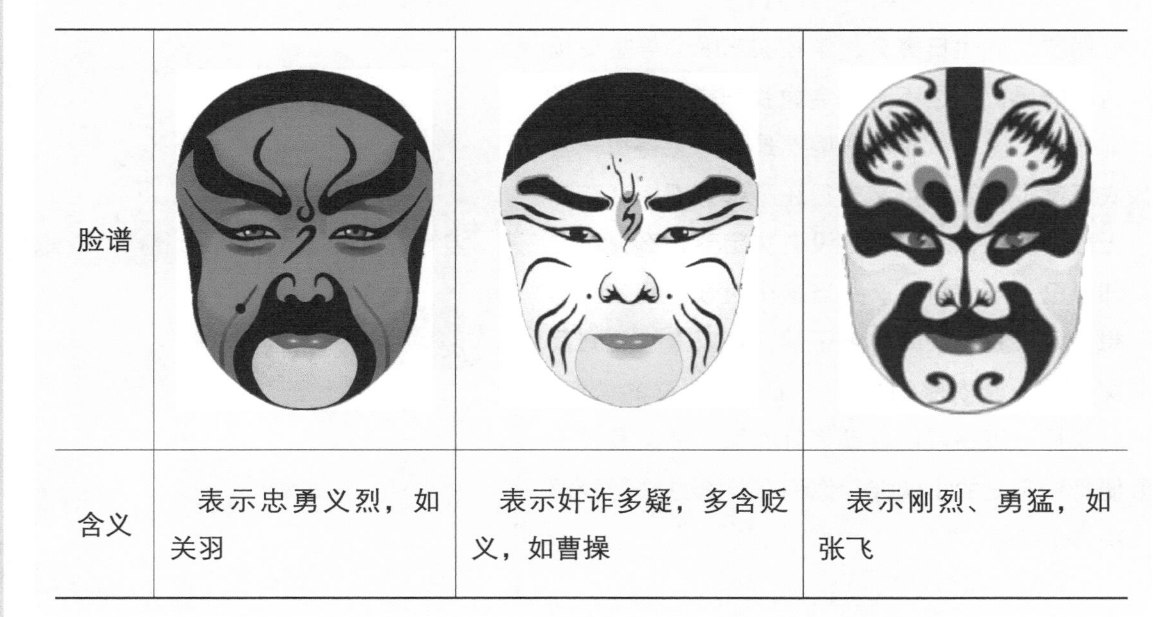		
含义	表示忠勇义烈，如关羽	表示奸诈多疑，多含贬义，如曹操	表示刚烈、勇猛，如张飞

第 5 章
姿态追踪——超方便的 AI 试衣镜

5.1 小麦的 AI 试衣镜

“亲爱的小伙伴，当我们需要‘盛装出席’好朋友们的生日聚会、学校文艺晚会等重要场合的时候，你是不是也会像我一样，站在镜子前一套一套地试穿衣服呢？是否总觉得每一套衣服都很好看，可又觉得还不够好看，试穿完无数套衣服以后，都还没有决定穿什么，自己却早已汗流浃背了。每当这个时候，我就会幻想，如果我每次站在镜子前，可以直接看到我穿上每一套衣服的样子，而不需要真的试穿，只要挥一下手就能自动换好衣服，那该有多方便呀！亲爱的小伙伴，你们有什么办法帮我解决这个问题吗？”

小麦思考了很久：“要是镜子有了 AI 功能，可以识别我的身体，然后将衣服模拟穿在我身上，我不就知道今天出门哪套衣服最合适了吗？这样就可以省去不停试穿衣服的烦恼啦。”说做就做，经过初步的创作和调试，小伙伴们快来看看我的 AI 试衣镜吧！

确认本章目标：在摄像头画面中标记人物身体的姿态关键点，通过对相关关键点位置的运算和判断，为画面中的人物实现自动试衣效果。衣服尺寸会随人体离摄像头的远近而变换合适大小，并实现智能换衣。

5.2 科技面对面——人体姿态识别技术

5.2.1 一起读一读

姿态识别（Posture Recognition）是 2018 年公布的计算机科学技术名词，也就是计算机通过算法识别人体姿态，如下图识别到人体后，通过标记出来的“点”和“线”，来判断是人体的哪些部位。

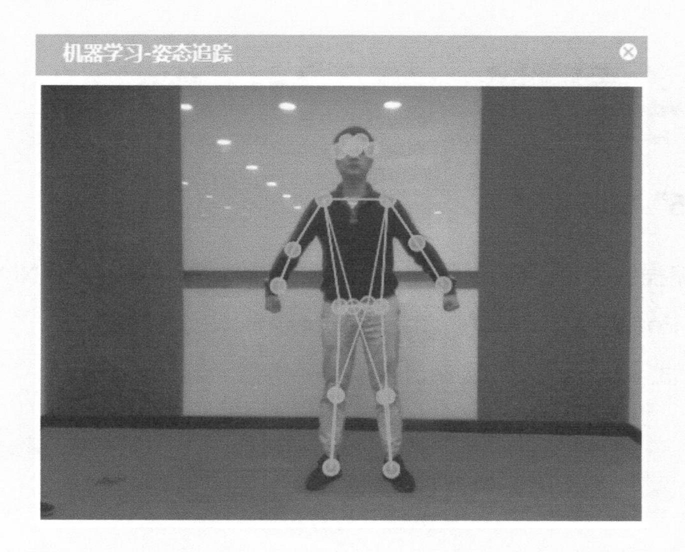

人体姿态识别技术，可以采集到人体的动作和行为信息并传输到计算机中。我们也可以通过这项功能去控制机器的运动，让机器按照人的动作去行动，这样就能代替我们去做危险工作了。除此之外，进一步的人体姿态识别追踪功能还可以用于娱乐项目，如跳舞机、3D 画图等。

5.2.2 一起说一说

人体姿态识别追踪是靠捕捉“关键点”来识别人体，并通过“关键点”的位置来判断我们的姿态。那“关键点”所表示的是我们人体的哪些结构呢?

头、肩膀、肘关节、腿部……你认为还有哪些人体结构会被识别到呢?

5.3 小麦的秘密武器

5.3.1 “ML5”模块

在 Mind+ 编程软件中，我们可以体验到 ML5 的多种功能，如 KNN 分类、FaceAPI 人脸识别追踪、PoseNet 姿态识别、mobileNet 物体识别等功能。

功能添加方式：Mind+—扩展—功能模块—机器学习（ML5）。

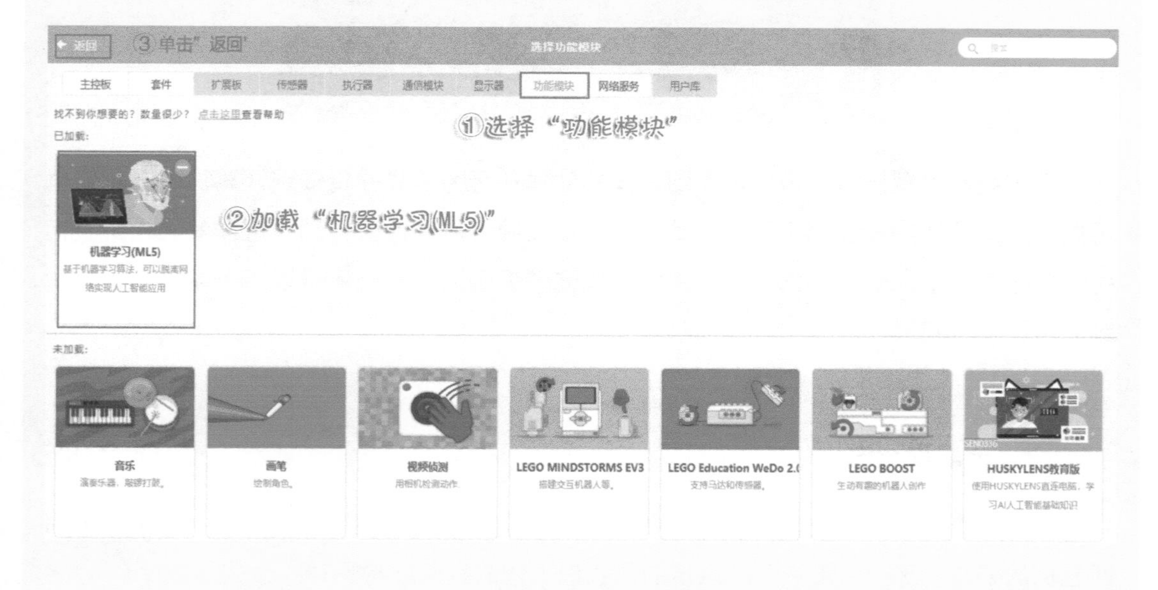

5.3.2 “人体姿态识别追踪”功能

机器学习（ML5）模块中的 PoseNet 人体姿态识别追踪功能，可以捕捉到人体上的 17 个关键点并追踪其位置。相比于人脸识别追踪，此功能能够识别站立的人体姿态，不对人脸的表情进行细致的捕捉，而是捕捉一些明显的肢体动作效果。当人的肢体动作可以被计算机识别时，我们创作的空间将会大大地提升。人和计算机世界的交流将会更加容易和自然。

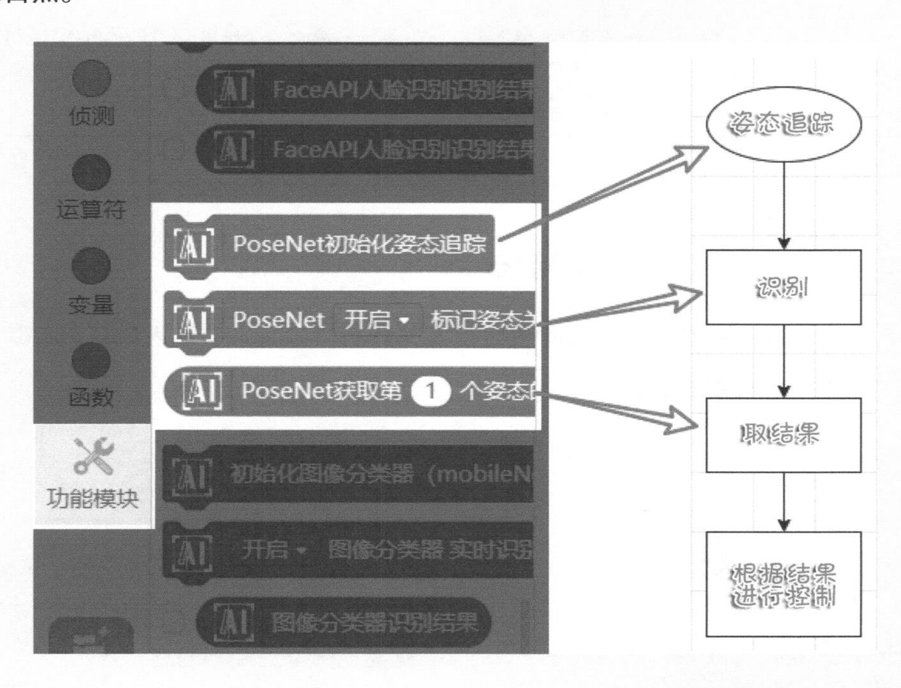

5.3.3 程序指令说明

程序指令	功　能
AI PoseNet初始化姿态追踪	初始化 PoseNet 姿态追踪功能 注：此程序执行前需要设置好摄像头模式并开启摄像头。
AI PoseNet 开始 标记姿态关键点	摄像头画面中识别到人脸时，开始从识别的结果中标记出识别的关键点

（续）

程序指令	功　　能
AI PoseNet获取第 1 个姿态的 左脚踝 坐标 X 左脚踝 左耳 左手肘 左眼 左臀 左膝 左肩 左手腕 鼻子 右脚踝 右耳 右手肘	能够获取摄像头捕捉到的第一个人物的脚踝、耳朵、手肘、眼睛、臀部、膝盖、肩膀、手腕、鼻子，并能区分左右和坐标位置

5.3.4 小试身手：如何识别人体姿态

需要三个步骤：设置好摄像头的画面模式并开启摄像头—启动人体姿态追踪功能—开始进行人体姿态关键点标记。

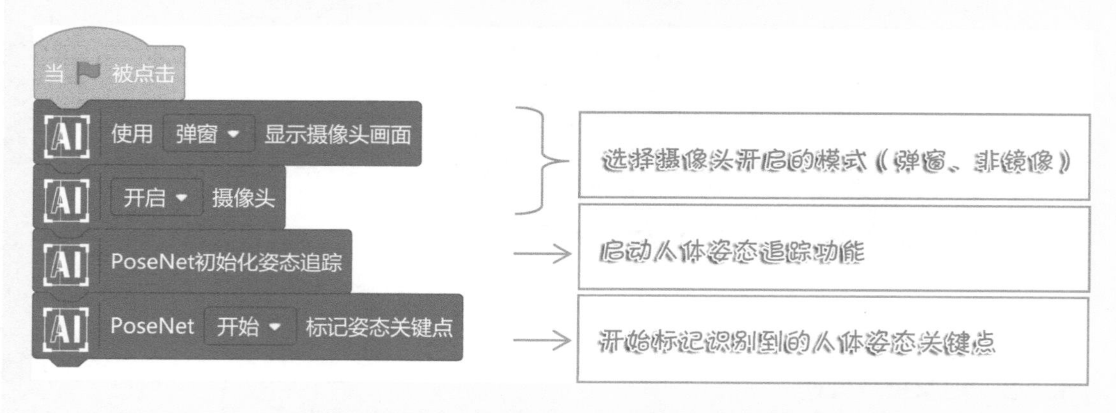

程序编写好了后，我们试着单击舞台区左上方的绿旗，耐心等待一会儿后，Mind+ 的界面就会弹出一个小窗口，然后我们站起来，从头到脚整个身体进入摄像头的画面中，摄像头画面就会显示并识别出来“人体姿态关键点”了哦！

从摄像头的画面中我们可以看到关键点的标记，小伙伴们可以试着摆出不同的造型，让镜头中的“黄色火柴人”跟着你做出同样的动作吧。

注：当在舞台显示出摄像头画面，并使用“标记姿态关键点”指令时，如果你不希望摄像头画面显示标记，可以通过 AI 关闭 绘制识别结果 指令来关闭标记，但不会影响功能的实现。

5.4 目标实现——AI 试衣镜

设计一个 AI 试衣镜，我们需要先梳理一下换衣场景的流程：

1）照镜子试穿衣服：单击绿旗，将摄像头画面在舞台上显示出来，让舞台上的衣服角色，挡在我们的身体前面，并调整好大小，实现穿在身上的效果。然后我们移动时，衣服会跟着我们移动，我们前后走动时，衣服大小会跟着变化（近大远小）。

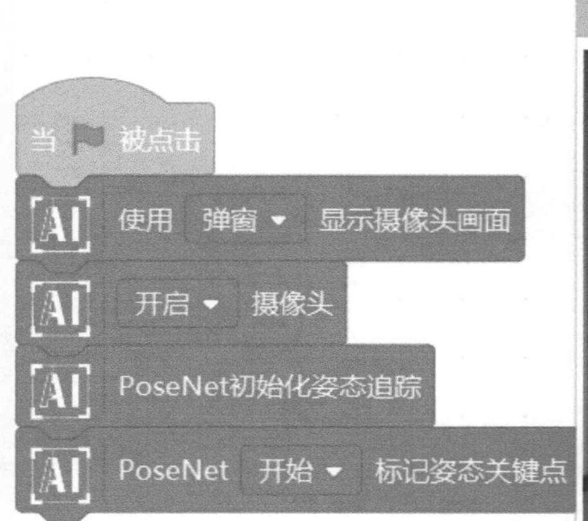

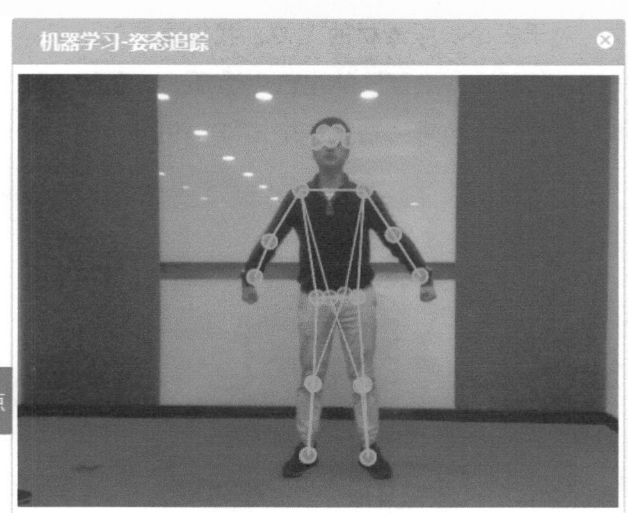

2）挥一下手换衣服：挥动左手，切换下一件衣服。

接下来我们就一起来动手编程吧！

5.4.1 素材准备

添加角色，我们直接把 Mind+ 的舞台区当作一个大镜子，镜子中不需要有小麦的角色，所以我们可以单击右键将小麦删除，然后再添加衣服的角色。

鼠标右键单击角色小麦，选择删除。

然后再从“素材百宝箱”中添加本章的角色和造型。同前面项目的方式上传素材即可。

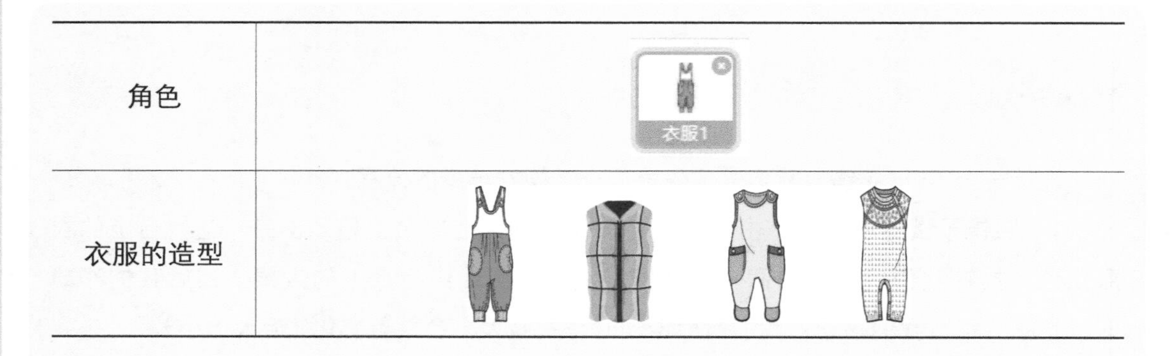

角色	
衣服的造型	

对于多个衣服素材的上传，我们需要先任意添加一个衣服素材（如“衣服 1”）作为角色，然后在“衣服”的角色中选择“造型”，接着单击左下角的按钮选择“上传造型”，将其他衣服上传进“造型”中（和上传脸谱的方式一样）。

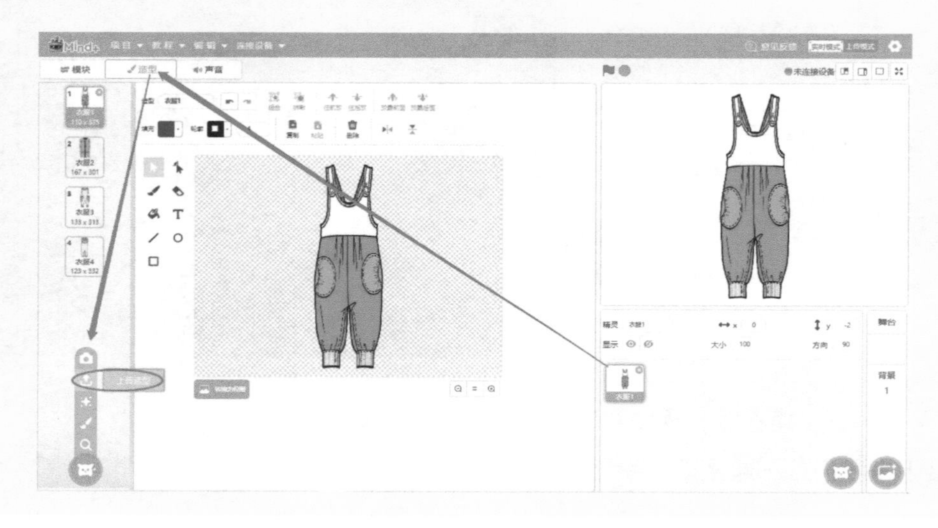

5.4.2 功能实现

按照我们前面梳理的“试衣场景流程”，开始逐一实现我们的功能吧！

1. 照镜子穿衣服

使用舞台来显示摄像头的画面，以充当镜子的功能，这样我们就能在舞台看到自己的画面了，然后让 Mind+ 里准备好的衣服穿在我们身上，这样就能够看到自己在镜子前“穿衣服”的效果啦！

（1）姿态追踪

程序所在角色：衣服 1。

功能效果：让衣服穿在身上，并能够跟着身体移动。

程　　序	效　　果
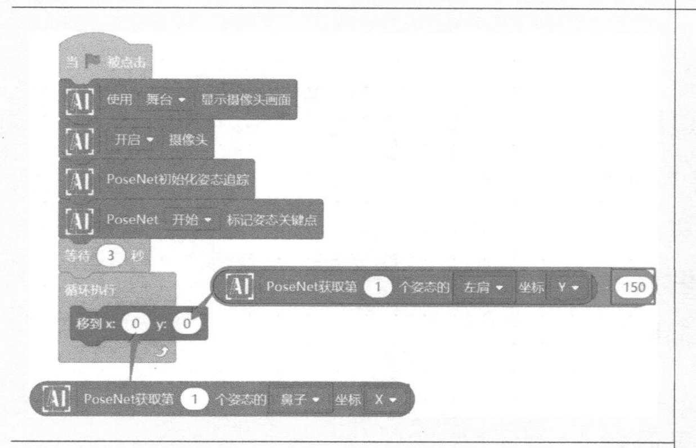	 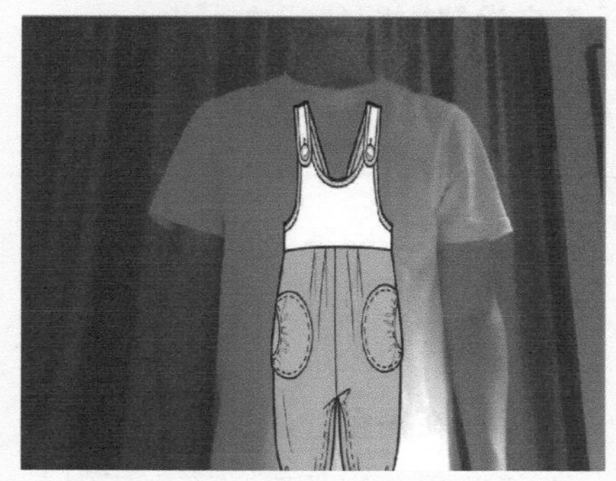
程序说明：“PoseNet 获取第 1 个姿态的鼻子坐标 X”指的是让衣服在 X 轴方向的坐标位置和识别到的鼻子的 X 坐标位置一样，这样可以保证衣服穿在身上左右的比例是一样的 “PoseNet 获取第 1 个姿态的左肩坐标 Y”减去 150，指的是以肩膀作为参考，让衣服是穿在我们身上，减 150 是为了让衣服向下移动 150 个单位，如果没有减 150，则衣服可能就穿到我们头上了	实现了衣服跟着人移动，但由于和摄像头的距离的变化，衣服的尺寸会不合适

（2）近大远小

程序所在角色：衣服 1。

功能效果：当我们前后移动的时候，衣服的大小会跟着我们身体显示大小而变化。

程　　序	效　　果
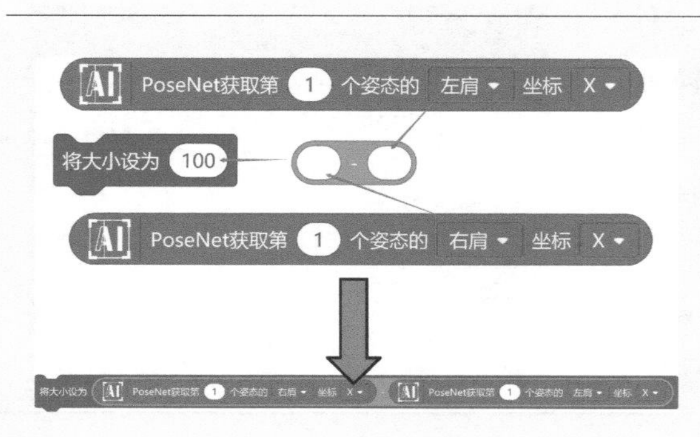	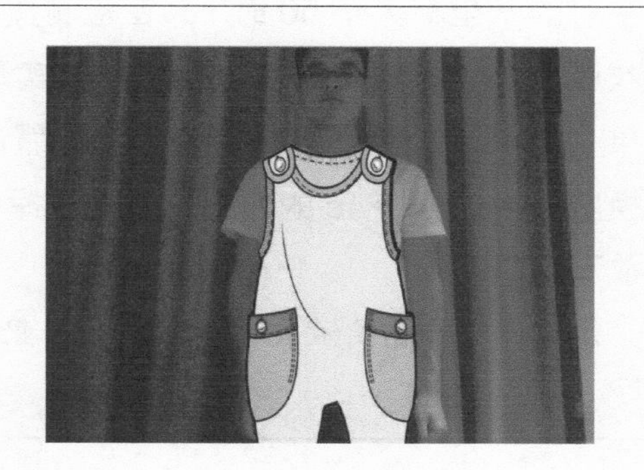

（续）

程　　序	效　　果
程序说明：此段程序是通过姿态追踪获取我们的“左肩”和“右肩”的关键点的 X 坐标，然后用“右肩的 X 坐标”减去“左肩的 X 坐标”，因为在 Mind+ 舞台中右肩的坐标是大于左肩的坐标的，算出两个肩膀的距离来设置衣服的尺寸大小 注：此程序需要放在“循环执行”里面哦	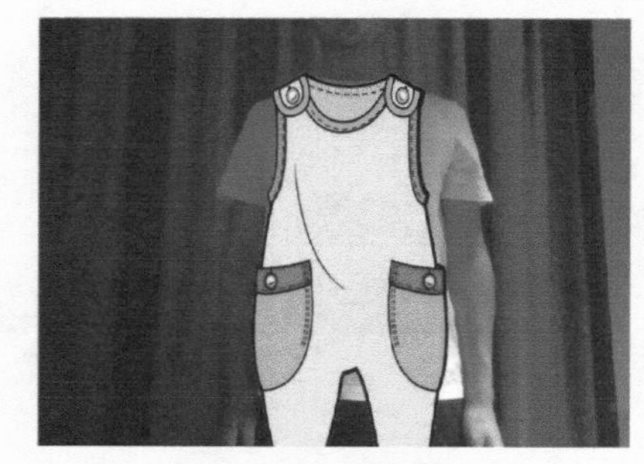 距离摄像头近时，衣服变大 距离摄像头远时，衣服变小

2. 智能换衣

程序所在角色：衣服 1。

功能效果：当挥动一下左手时，衣服就自动切换到下一件。

程　　序	效　　果

程序说明：当人体姿态追踪功能检测到我左手肘的 Y 坐标大于 50 时（即在检测挥手动作），衣服自动切换到下一个造型，从而实现换装效果。为保证每挥一次手切换一件衣服，所以切换服装后，等待 1s 的作用是等待我挥手后，手放下来的过程 注：此程序需要放在“循环执行”里面哦	

程序完成！当我们让一个角色的位置和尺寸跟人进行实时互动时，需要通过不断地测试，找到合适的参数，如 [AI] PoseNet获取第 1 个姿态的 左肩 坐标 Y - 150 程序是控制衣服的高度的，程序中的减法“–150”可以根据实际的效果进行调整。衣服“大小”的设置，需要根据实际上传的图片尺寸大小进行调整，如果图片尺寸较小，我们可以通过加法运算将图片调整到合适的尺寸，还可以通过在造型中直接“拉伸”图片的尺寸，来让衣服更加“合身”。我们还可以对自己衣柜里的衣服进行拍照，作为造型上传到 Mind+ 中，以真实体验下换装的感觉哦！

接下来我们来看一看完整程序吧！

5.4.3 完整程序参考

角色	程　　序
衣服 1	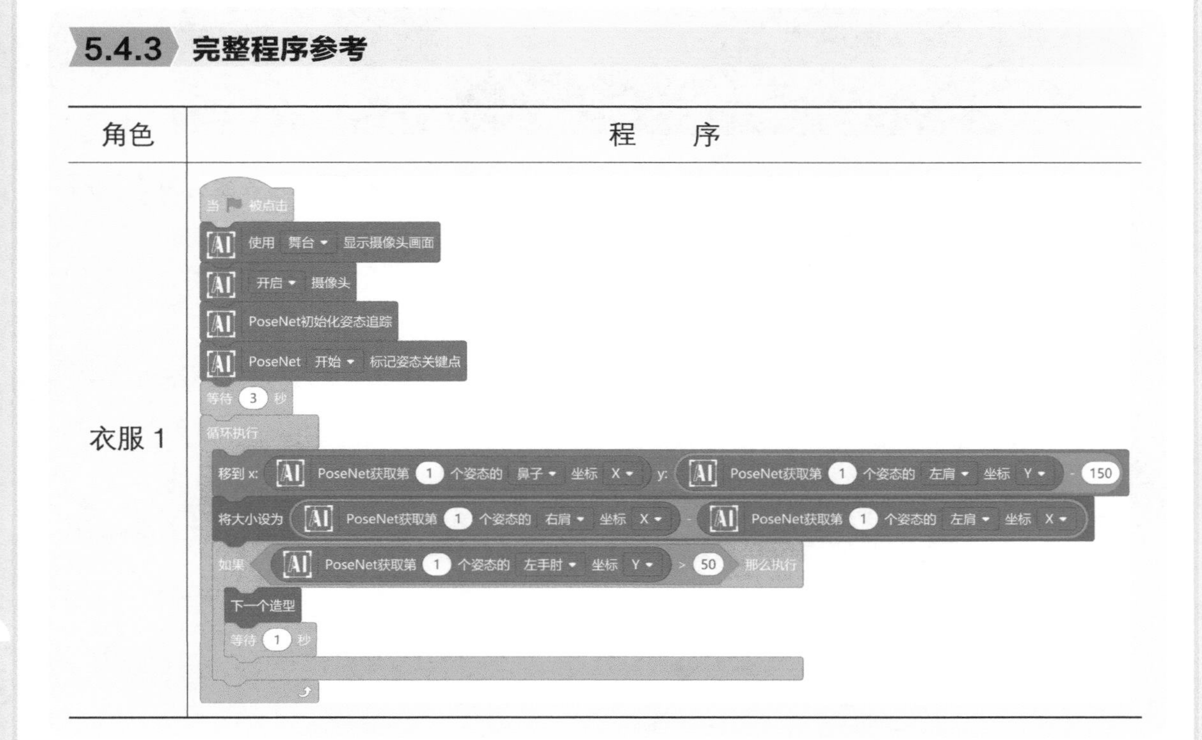

5.5 姿态识别大挑战

通过本章的学习，我们了解到“人体姿态追踪”功能能够识别人体的 17 个“关键点”，然后我们通过对 17 个“关键点”的运算，可以实现很多人和机器的互动效果，如通过左手肘的 Y 坐标大于 50 来检测挥左手的动作，右肩 X 坐标减去左肩 X 坐标是我们人体的宽度等。请大家思考一下，如何通过 17 个“关键点”判断出下面图片中的姿势呢？

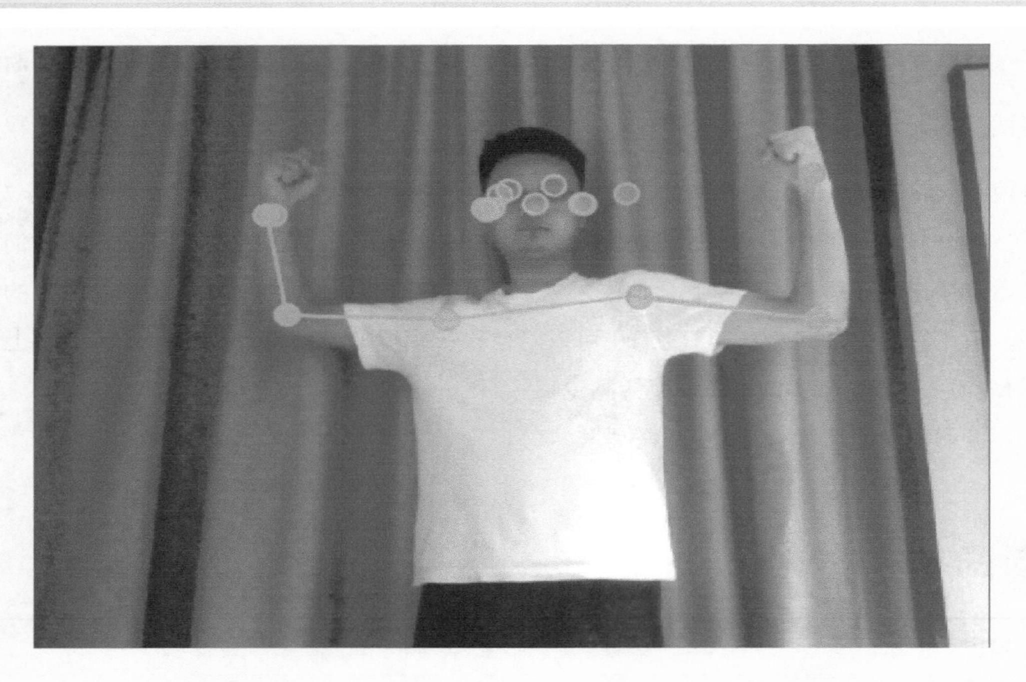

如左右手的 Y 坐标大于 70，左右手肘的 Y 坐标大于 50，右手肘的 X 坐标减左手肘的 X 坐标大于 40 等条件。发挥你的想象力吧！

第 6 章 语音识别——智能新家大改造

6.1 小麦的智能新家

“亲爱的小伙伴，我最近去很多好朋友家里玩的时候，发现他们家里的很多电器都可以听懂我的话，可厉害了呢！于是我给我的家进行了一次智能大改造，以前在家里我需要手动开关灯，打开音箱播放音乐，但现在，只要我说一声‘开灯’，房间的灯就能自动打开；说一声‘放音乐’，就会播放动听的乐曲！不信？请打开 Mind+，让我来带你参观一下借助语音识别功能升级改造后的智能小家吧！”

确认本章目标：当我们单击小麦，或者控制小麦走到舞台相应的位置时，智能小家就会开始听我们说话，或者提醒我们说出相应的“关键指令”。当说出关键指令时，智能小家就会根据不同的指令，实现相应的功能。我们要设置的智能语音功能有以下四个：

触发智能语音功能	说出关键指令	对应功能效果
单击小麦	口渴、水	桌子上的水杯自动倒满水
小麦碰到灯	开灯、关灯	房间变亮、房间变暗
小麦碰到音箱（Radio）	钢琴	播放一段钢琴曲
小麦碰到果盘（Fruit Platter）	吃葡萄不吐葡萄皮	提示你可以吃水果啦

语音智能小家的部分功能效果

6.2 科技面对面——语音识别技术

6.2.1 一起读一读

我们要设计的语音智能小家为什么能够听懂我们说的话呢？智能小家背后所依赖的，就是现如今非常热门的语音识别技术。语音识别技术，也被称为自动语音识别（Automatic Speech Recognition，ASR），其目标是将人类的语音中的词汇内容转换为计算机可读取的输入数据。科学家从 1952 年开始研究语音识别技术，想让机器“听”懂我们人类的语言。近二十年来，语音识别技术取得显著进步，开始从实验室走向市场。人们预计语音识别技术将陆续进入工业、家电、通信、汽车电子、医疗、家庭服务、消费电子产品等各个领域。其实，如今“小爱同学”“Siri”“小度音箱”“小娜”等语音识别产品已经逐渐走进了千家万户，并开始改变着我们的很多生活习惯。

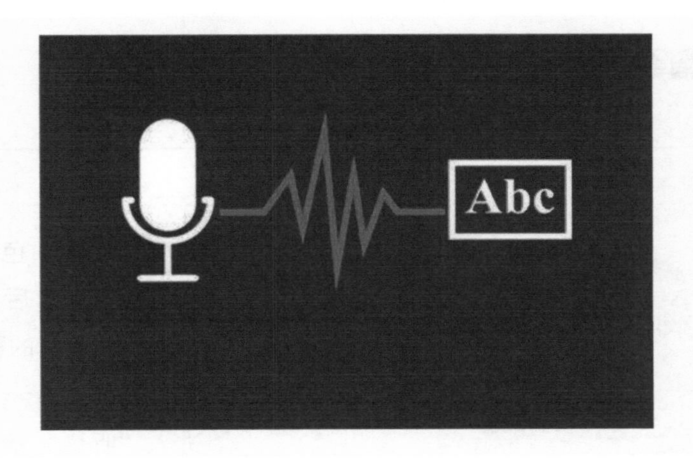

6.2.2 一起说一说

你能列举出多少生活中会用到语音识别技术的地方呢？我们经常见到的走廊、楼道里的声控灯，有没有用到语音识别技术呢？快去跟你的小伙伴讨论一下吧！

6.3 小麦的秘密武器

6.3.1 “语音识别”与“文字朗读”模块

我们能够实现目标功能的关键，就是在 Mind+ 里添加“语音识别”与“文字朗读”模块。语音识别是让智能小家“听懂我们说话”，文字朗读是让智能小家“像我们一样说话”。

我们从 Mind+—扩展—网络服务里找到“语音识别”和“文字朗读”模块，分别单击即可加载两个模块里面的所有程序指令啦。

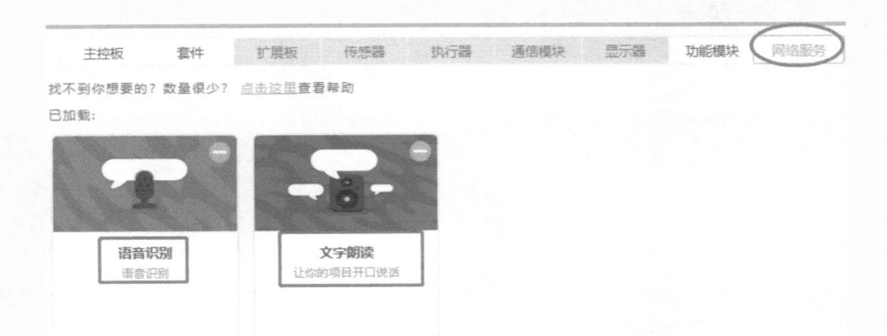

注：使用网络服务里的功能时，需要计算机连接互联网。

6.3.2 程序指令说明

程序指令	功能
当听到 开始	当听到后面白色框中填写的关键词（如开始）后，就开始执行此程序下面编写的程序
听候语音输入	进入“听话”状态，等待我们说出语音指令
设置每次听 10 秒	设置计算机每次听我们说话的时长
语音识别结束听	进入“停止听话”状态，并开始分析之前听到我们所说的话
说 识别结果	将识别到的内容显示出来，由此我们可以判断我们说的和它识别出来的是否一致
显示 ▾ 声波图 隐藏 ▾ 声波图	显示：  隐藏：  在听指令时，舞台区是否显示“声波图”

（续）

程序指令	功　　能
朗读 你好	说出“你好”的声音
设置服务器2使用 度小宇 ▾ 嗓音	设置不同的声音音色
切换至独立账户 API Key Secret Key	AI 语音识别功能调用的百度 AI 服务，需要输入自己的百度 AI 账号信息

6.3.3 注册百度 AI 账号，获取 API Key 和 Secret Key

独立账户的 API Key 和 Secret Key 设置好后，能够建立起 Mind+ 和百度 AI 功能的连接，调用百度 AI 的数据库，在百度 AI 存储数据，这样我们就能够轻而易举地在 Mind+ 上体验到强大的 AI 功能啦。

<table>
<tr><th>步　　骤</th><th>图　　示</th></tr>
<tr><td>1）登录百度 AI 开放平台（https://ai.baidu.com），单击界面右上角控制台</td><td>
</td></tr>
<tr><td>2）如已有百度账号，登录即可。如没有百度账号，单击立即注册（需要手机号码），然后登录</td><td>
</td></tr>
<tr><td>3）登录后在左侧菜单栏单击“语音技术”</td><td>
</td></tr>
<tr><td>4）在“语音技术”功能中单击创建应用</td><td></td></tr>
</table>

（续）

步　骤	图　示
5）设置好“应用名称”“应用归属—个人”“应用描述”“文字识别包名—不需要”“语音包名—不需要”的内容。本章节项目中，只需要用到“接口选择—语音技术”和“文字识别”中的功能，所以其他接口功能可选可不选。完成后单击“立即创建”即可	 产品服务 / 语音技术 - 应用列表 / 创建应用 创建新应用 * 应用名称： 测试 ← 名称 * 接口选择： 勾选以下接口，使此应用可以请求已勾选的接口服务，注意语音技术服务已默认勾选并不可取消。 语音技术：短语音识别 短语音识别极速版 实时语音识别 音频文件转写 语音合成 语音自训练平台 呼叫中心语音 远场语音识别 任务创建 打开文字识别的选项 → 文字识别 人脸识别 自然语言处理 内容审核 UNIT 知识图谱 图像识别 智能呼叫中心 图像搜索 人体分析 图像增强与特效 智能创作平台 机器翻译 * 应用名称： 测试 * 接口选择： 勾选以下接口，使此应用可以请求已勾选的接口服务，注意语音技术服务已默认勾选并不可取消。 语音技术：短语音识别 短语音识别极速版 实时语音识别 音频文件转写 语音合成 语音自训练平台 呼叫中心语音 远场语音识别 任务创建 文字识别：通用场景OCR 通用文字识别（标准版） 通用文字识别（标准含位置版） 通用文字识别（高精度版） 通用文字识别（高精度含位置版） 网络图片文字识别 表格文字识别-提交请求 表格文字识别-获取结果 二维码识别 数字识别 手写文字识别 网络图片文字识别（含位置版） ← 选中通用场景OCR中的所有功能即可 * 文字识别包名： 需要 不需要 * 语音包名： iOS Android 不需要 * 应用归属： 公司 个人 * 应用描述： 测试 设置完成后，单击立即创建 立即创建 取消
6）单击“查看应用详情”，即可看到注册好的“API Key”和“Secret Key”	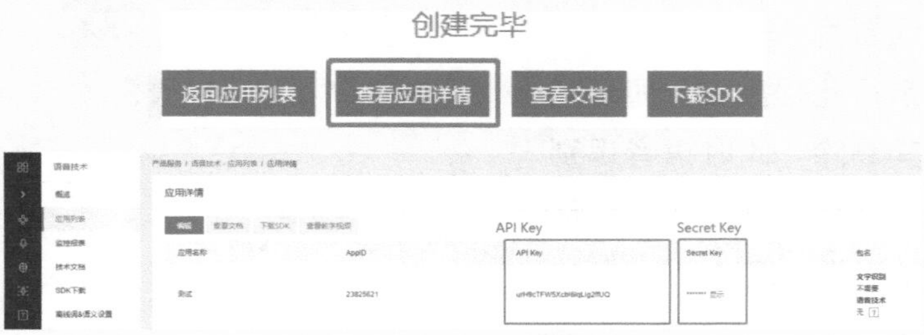 创建完毕 返回应用列表 查看应用详情 查看文档 下载SDK 产品服务 / 语音技术 - 应用列表 / 应用详情 应用详情 应用名称：测试　AppID：23825621 API Key：uHlcTFW5XcbHlqLig2ffUQ Secret Key：******* 显示

（续）

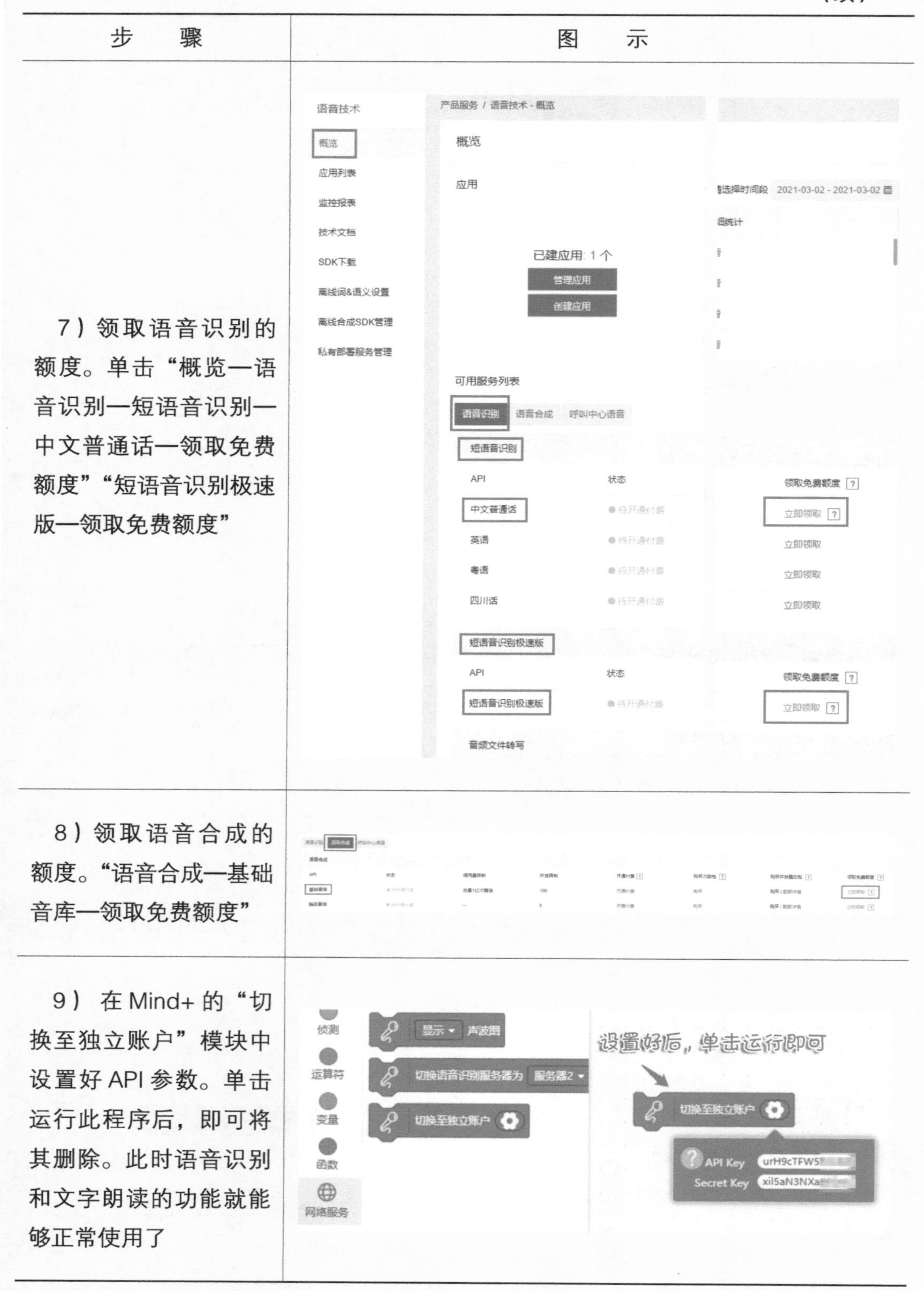

步　　骤	图　　示
7）领取语音识别的额度。单击“概览—语音识别—短语音识别—中文普通话—领取免费额度”“短语音识别极速版—领取免费额度”	
8）领取语音合成的额度。“语音合成—基础音库—领取免费额度”	
9）在 Mind+ 的“切换至独立账户”模块中设置好 API 参数。单击运行此程序后，即可将其删除。此时语音识别和文字朗读的功能就能够正常使用了	

6.3.4 小试身手 1：让 Mind+“能听到我们说话”

有了这些强大的程序指令，我们首先要实现的是让 Mind+ 能听到我们说话。非常简单，只需要三个步骤：打开“耳朵”开始听我们说话、设置每次听我们说话的时长、关闭“耳朵”结束收听。所以我们只需要将这三个步骤的程序指令拼接起来就可以啦！

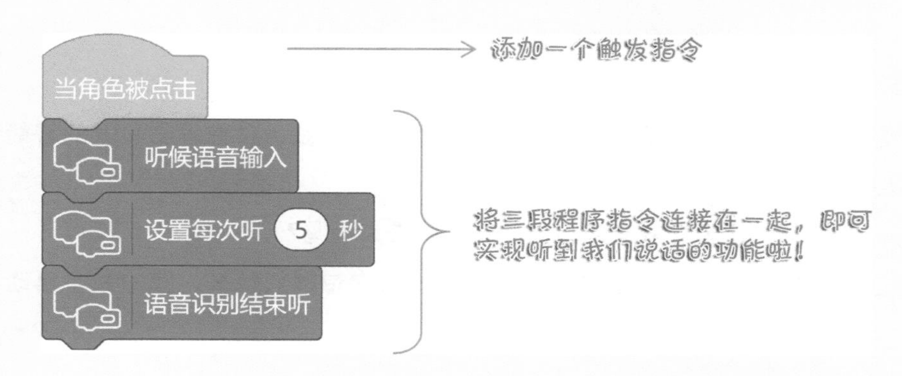

接下来，我们请舞台上的小麦帮忙，把听到的话说出来，以验证一下是否能够成功听到我们说的话：

现在，我们单击小麦，运行上面的程序，对着麦克风说：“你好小麦同学。”小麦就会把听到的这句话显示出来啦。

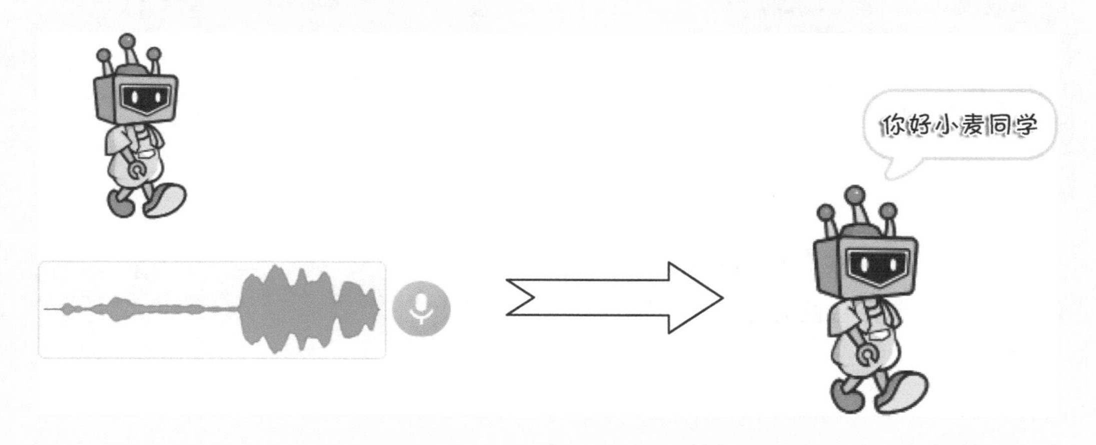

6.3.5 小试身手 2：让 Mind+“开口说话”

小伙伴们，我们只要能够实现让 Mind+ 开口讲话，是不是就可以实现聊天对话功能了？开口说话非常简单，我们利用文字朗读功能就可以轻松实现了。接下来，就让我们设计一段对话，并通过编程实现对话功能吧。

1. 对话设计

小麦：“Hi，同学，欢迎来到我的智能小家，点击我，带你看看我家的智能语音控制有多厉害吧～”

我：“你好呀～小麦，我有点口渴了，我能喝点啥吗？”

小麦：“哈哈，当然没问题啦，你只需要说出你想喝点什么，我的家会自动帮你倒好噢！”

……

2. 程序设计

程　　序	效　　果
当 🏳 被点击 设置服务器2使用 度小美 ▾ 嗓音 说 Hi，同学，欢迎来到我的智能小家 朗读 Hi~同学，欢迎来到我的智能小家 说 点击我，带你看看我家的智能语音控制有多厉害吧~ 朗读 点击我，带你看看我家的智能语音控制有多厉害吧~ 1）选择“度小美”嗓音，让小麦朗读两句话，并在舞台区显示出这两句话的文字	 

（续）

<table>
<tr><th>程　　序</th><th>效　　果</th></tr>
<tr><td>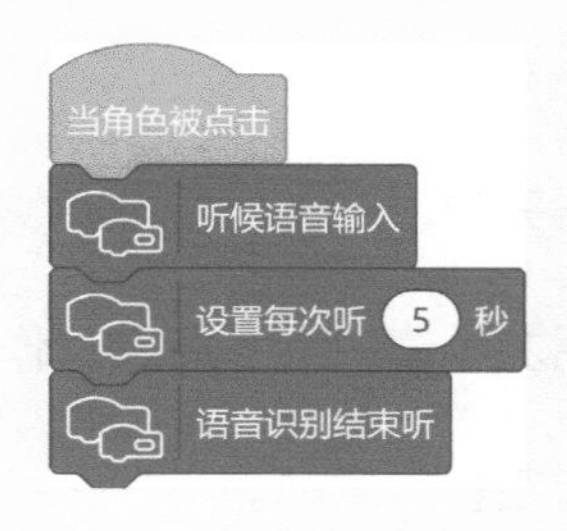

2）设置当单击小麦时，小麦开始听我说话，并设置每次听 5 秒（s）</td><td>
</td></tr>
<tr><td>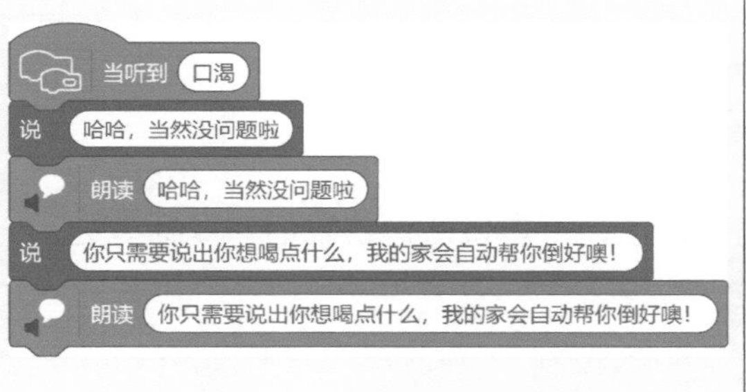

3）当小麦听到关键词“口渴”时，小麦对我们说程序中的两句话</td><td>
</td></tr>
</table>

3. 让你的设计更加“智能”

想必现在小伙伴们心中已经有了很多“语音对话”创意想去实现啦。在设计对话场景时，我们要尽可能让“程序的回答”更像“人的回答”，这样对话才会更加自然。所以，我们需要做的是多观察生活中的对话场景，记录下一些有趣的对话内容，这些内容就是我们的“数据”了，然后通过程序设计展示你的“数据”就可以啦。

收集“数据”：

角　色	对 话 内 容	场　景
我	妈妈，这周末带我去游乐园可以吗？	周末写作业的时候
妈妈	当然可以，不过前提是你作业得完成。	
我	好呀！我到时候想叫上我的好朋友小麦。	
妈妈	那你记得写完作业后邀请他一起哦！	
……	……	

6.4 目标实现——智能小家大改造

终于啊，我们已经学会使用小麦的秘密武器了，万事俱备，让我们朝目标迈进，一起编程改造语音智能小家吧！

6.4.1 素材准备

添加角色 / 背景（素材均来源于 Mind+ 的角色库、背景库），直接单击 Mind+ 右下角添加角色和背景的两个小图标就可以在 Mind+ 自带的库里面进行添加啦。

角色	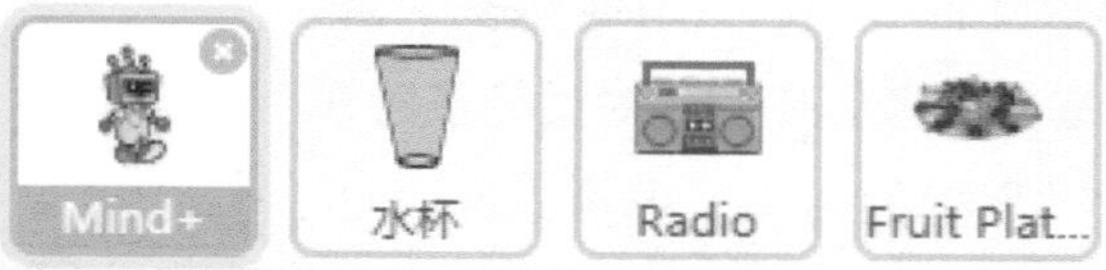 Mind+　水杯　Radio　Fruit Plat...
背景	 1 客厅 480 x 360　造型 客厅　填充　复制

我们可以将背景造型重命名为“客厅”，背景和角色添加完成后如下图所示：

6.4.2 功能实现

1. 设置“关键指令”

设置好角色和背景后，我们首先来设置四个关键指令以及对应的四个功能效果。

（1）关键指令：水

程序所在角色：水杯。

功能效果：当我们说：“我想喝水！”程序识别到关键指令“水”后，就会说：“你看，水已经倒好啦！”同时桌子上的水杯切换为倒满水的造型。

程　　序	效　　果
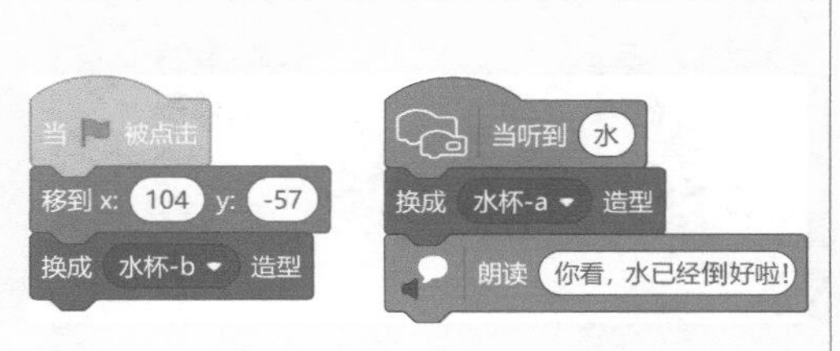 程序说明：添加水杯的角色后，先将水杯大小设置为20，然后移到桌子上的位置，并设置为初始位置，将造型切换到“空杯”，当听到关键词“水”后，造型换成“满杯”	

（2）关键指令：开灯、关灯

程序所在角色：背景。

功能效果：当我们说“关灯”或“开灯”，房间的亮度会出现暗和明两种效果。

<table>
<tr><th>程　序</th><th>效　果</th></tr>
<tr><td>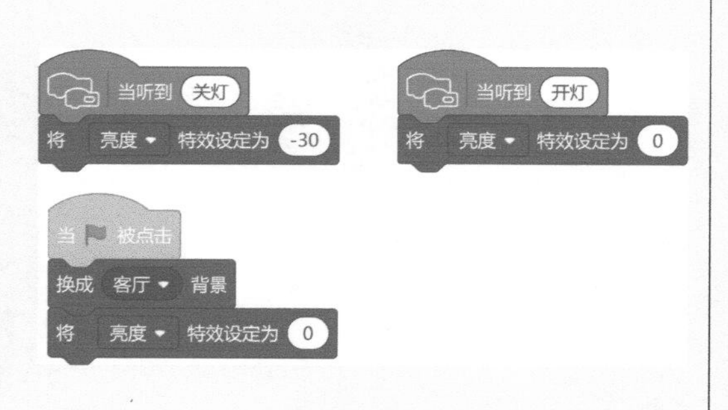
</td><td>
</td></tr>
<tr><td>程序说明：选择背景，在外观模块中找到亮度的设置，设置初始亮度。听到关键词后，通过对亮度的设置控制房间的明暗程度。此处的亮度值是相对值，“0”代表正常亮度</td><td>
</td></tr>
</table>

（3）关键指令：钢琴

程序所在角色：Radio。

实现效果：当我们说“放一首钢琴曲”时，程序识别到关键词“钢琴”后，系统就会自动播放我们准备好的钢琴曲。

 程　序	 效　果
	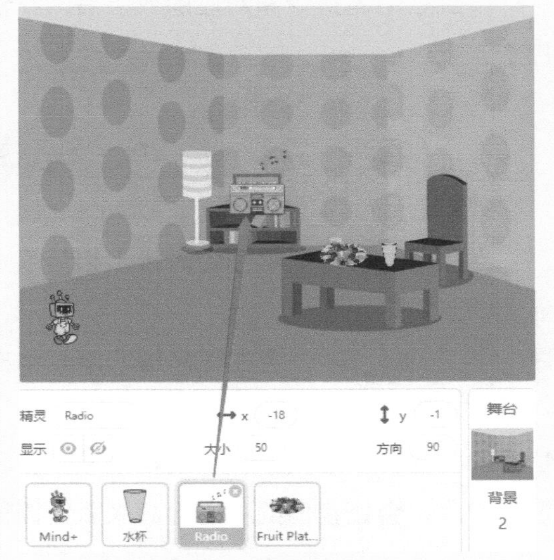
程序说明：将 Radio 大小设置为 50，然后移到相应位置，在这个角色中，选择声音模块 模块 造型 声音，然后在左下角选择“声音—可循环—Emotional Piano”	

（4）关键指令：吃葡萄不吐葡萄皮，不吃葡萄倒吐葡萄皮

程序所在角色：Fruit Platter。

功能效果：只有我们正确说出一段绕口令“吃葡萄不吐葡萄皮，不吃葡萄倒吐葡萄皮”，才可以吃水果。

程　序	效　果
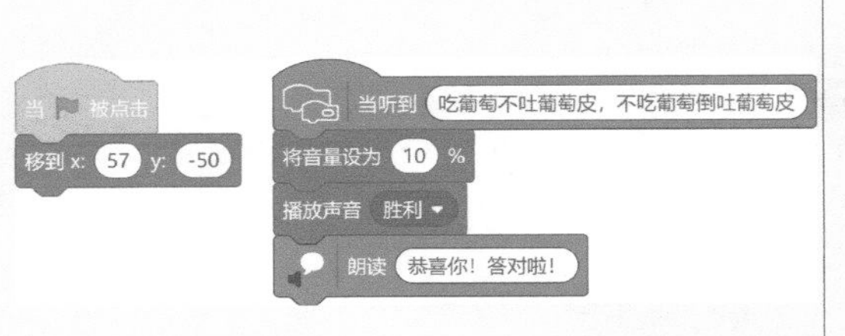	
程序说明：将 Fruit Platter 大小设置为 35，然后移到桌子上，挡住背景的水杯。当说对绕口令时，播放胜利的音效，因为音效声音较大，所以将音量设为 10%，然后说：“恭喜你答对了！”	

2. 设置“控制小麦移动到相应位置，触发智能语音”功能

设置好关键指令和对应的效果后，我们就要开始设计可以触发智能语音功能的程序了。

（1）简化程序

当我们继续编写程序的时候，相信很多小伙伴会发现，实现“听我们说话”的程序

，会在程序编写中频繁出现和执行，程序会变得很长。当遇到这种情况的时候，教给大家一个编程小妙招：我们可以用“自定义函数”来代替某一段固定的程序，会让我们的程序看起来非常简洁和有条理，具体方法如下：

步　　骤	图　　示
1）找到“函数—自定义模块”，单击选择“给函数命名—完成”	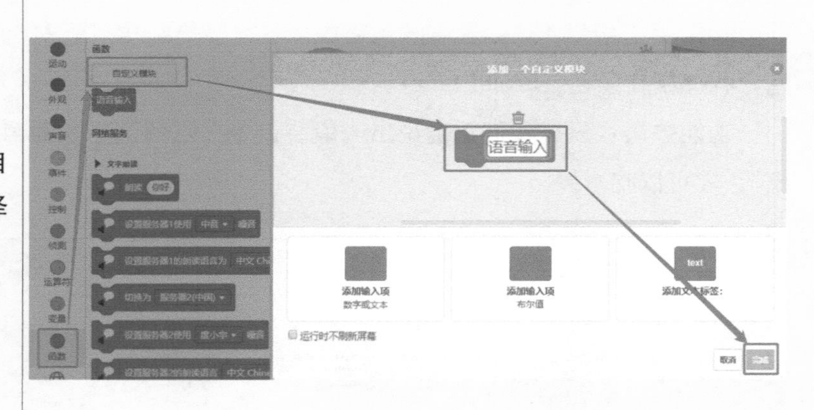
2）定义函数“语音输入”，把“听我们说话”的程序放到定义函数下面	

（续）

步　　骤	图　　示
3）现在主程序里就可以直接调用左侧的“语音输入”函数模块，从而实现相应功能了	当角色被点击 语音输入

注：编写任何程序的时候，如果程序功能比较复杂，可以灵活运用函数，给实现不同功能的程序指令“分类”，让程序看起来非常简洁和有条理。

（2）控制小麦移动

程序所在角色：小麦。

功能效果：通过计算机上的“↑”“↓”“←”“→”按键分别控制小麦上、下、左、右移动。

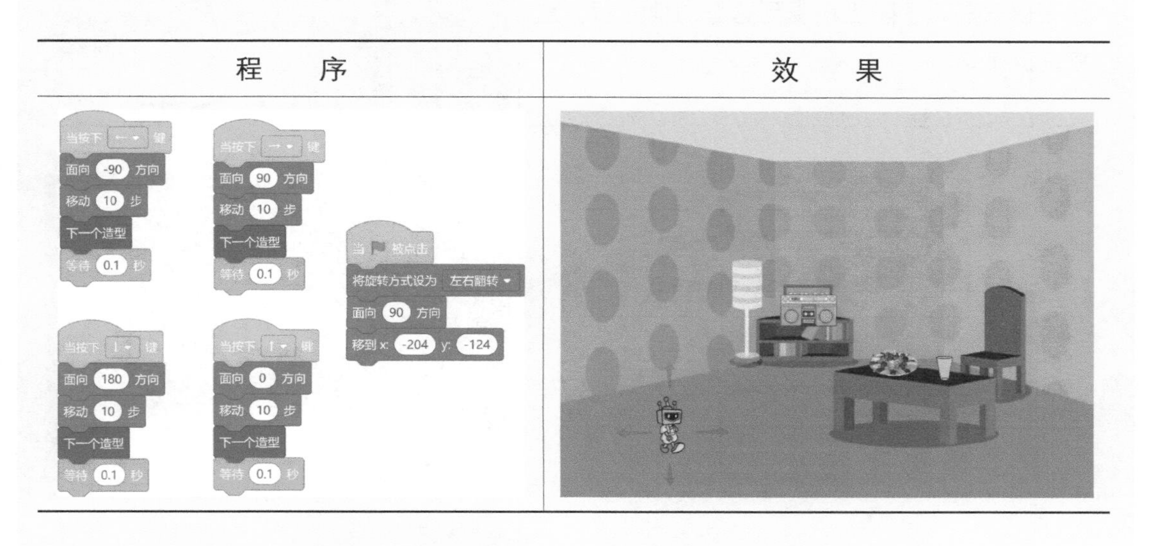

注：程序中的“切换造型”和“等待0.1秒”是为了让小麦的运动更加形象一些。大家可以试试，如果不添加这两个模块会是什么效果呢？

（3）控制小麦移动到相应位置，触发智能语音功能

程序所在角色：小麦。

功能效果：当控制小麦移动，分别碰到“灯”“Radio”“Fruit Platter”时，会触发相应的智能语音功能。

程　　序	效　　果
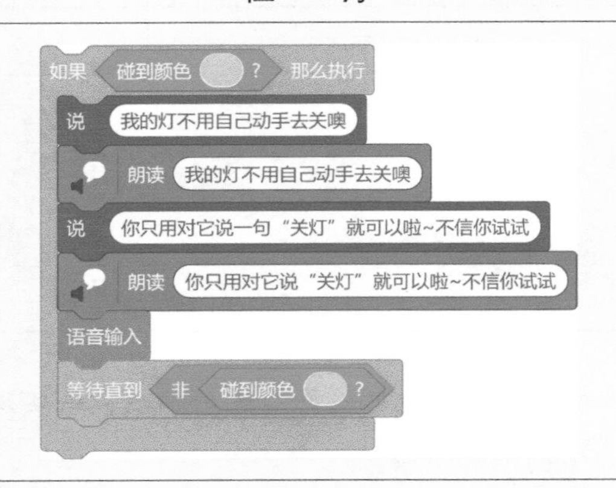	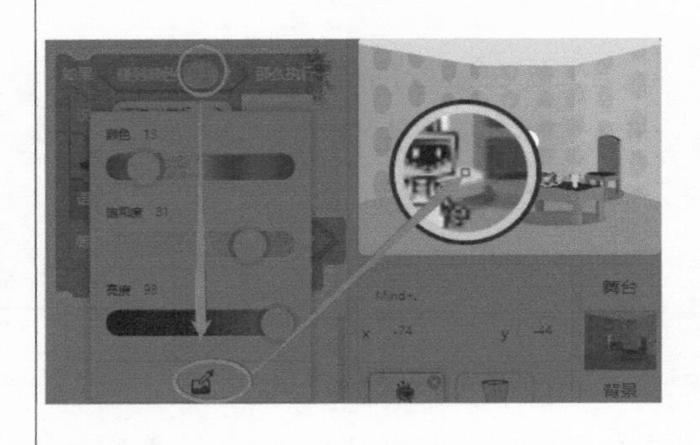
程序说明：因为灯是在背景中的图案，而非角色，所以我们采用 [碰到颜色 ?] 模块实现“碰到灯”的效果。[等待直到 非 碰到颜色 ?] 程序模块是为了防止小麦到达灯的地方后，重复说提示语	
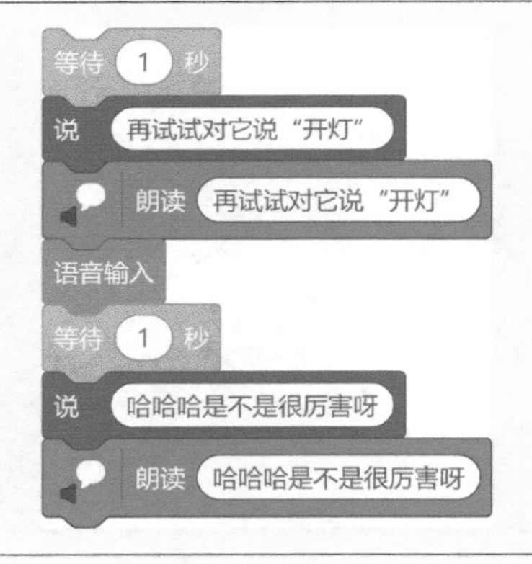	
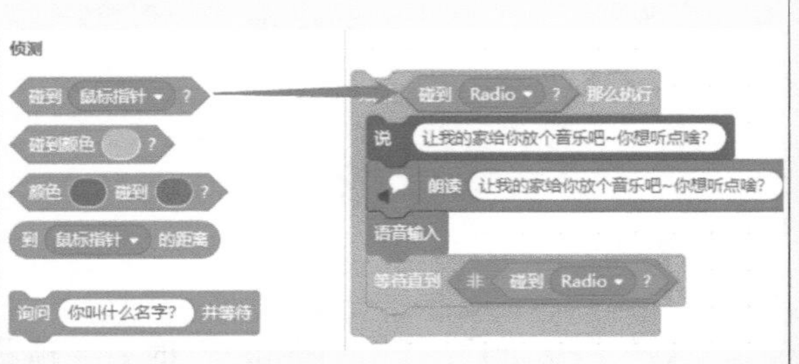	

（续）

程　序	效　果
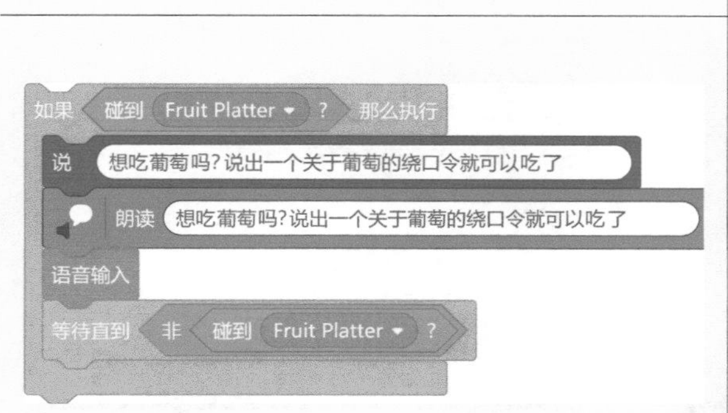	

注：各角色位置的摆放要进行适当调整，防止小麦在运动时容易同时触发多个机关。所有的触发条件需要放入 循环执行 模块中，这样角色才会一直检测触发条件。

程序完成！赶快测试一下你的程序，看看有没有实现我们的目标吧！

6.4.3 完整程序参考

角　色	程　序
小麦	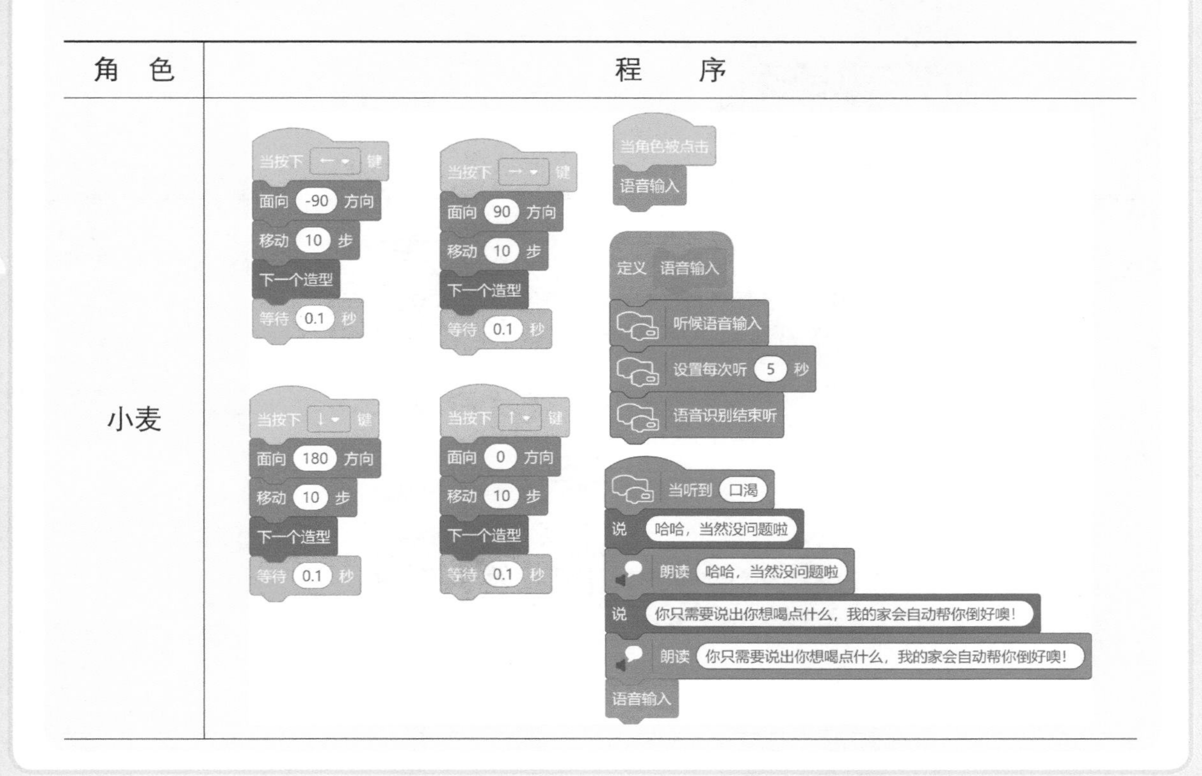

（续）

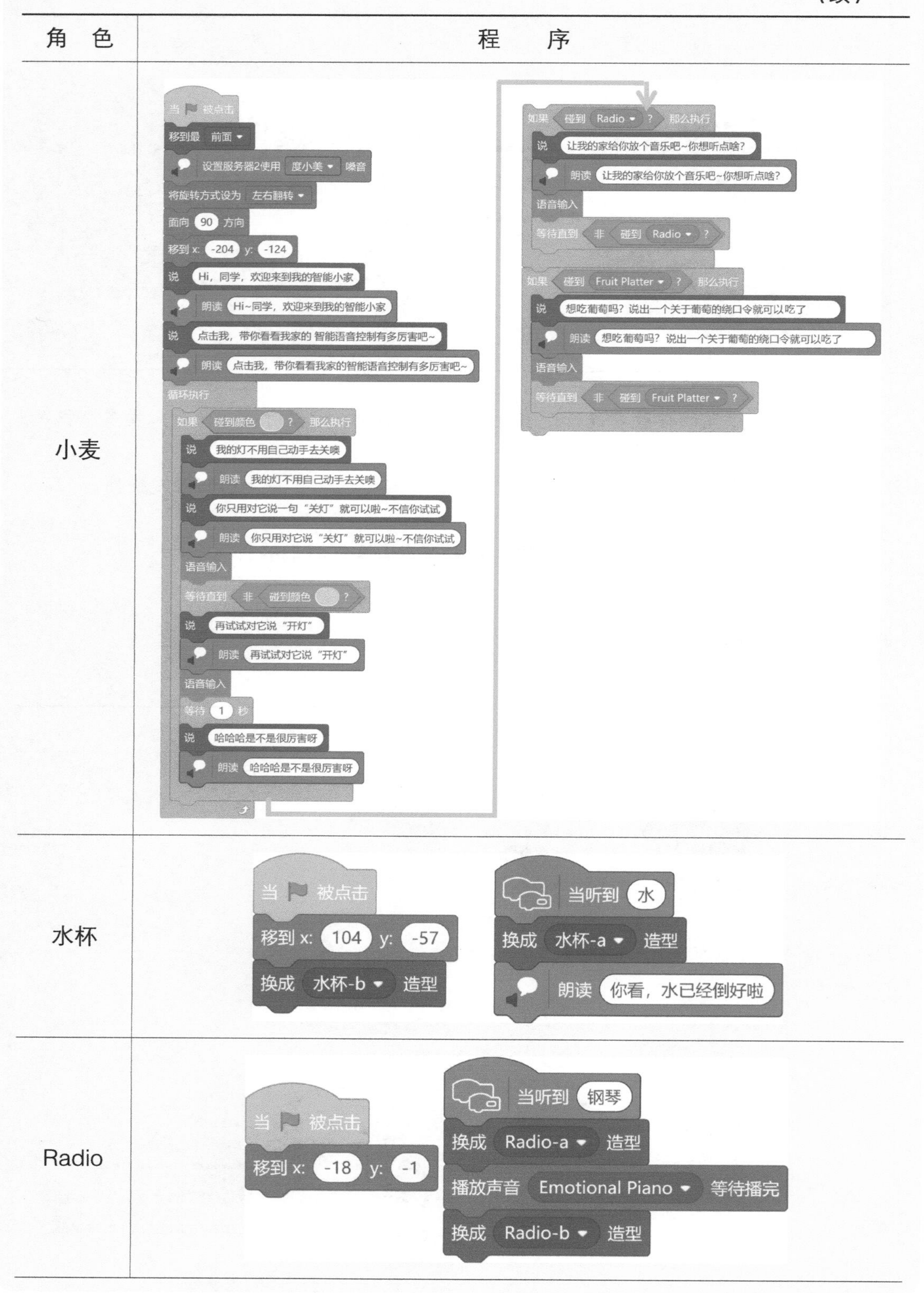
角 色
程 序
小麦
当 被点击
移到最 前面
设置服务器2使用 度小美 嗓音
将旋转方式设为 左右翻转
面向 90 方向
移到 x: -204 y: -124
说 Hi，同学，欢迎来到我的智能小家
朗读 Hi~同学，欢迎来到我的智能小家
说 点击我，带你看看我家的 智能语音控制有多厉害吧~
朗读 点击我，带你看看我家的智能语音控制有多厉害吧~
循环执行
如果 碰到颜色 ? 那么执行
说 我的灯不用自己动手去关噢
朗读 我的灯不用自己动手去关噢
说 你只用对它说一句“关灯”就可以啦~不信你试试
朗读 你只用对它说“关灯”就可以啦~不信你试试
语音输入
等待直到 非 碰到颜色 ?
说 再试试对它说“开灯”
朗读 再试试对它说“开灯”
语音输入
等待 1 秒
说 哈哈哈是不是很厉害呀
朗读 哈哈哈是不是很厉害呀
如果 碰到 Radio ? 那么执行
说 让我的家给你放个音乐吧~你想听点啥?
朗读 让我的家给你放个音乐吧~你想听点啥?
语音输入
等待直到 非 碰到 Radio ?
如果 碰到 Fruit Platter ? 那么执行
说 想吃葡萄吗？说出一个关于葡萄的绕口令就可以吃了
朗读 想吃葡萄吗？说出一个关于葡萄的绕口令就可以吃了
语音输入
等待直到 非 碰到 Fruit Platter ?
水杯
当 被点击
移到 x: 104 y: -57
换成 水杯-b 造型
当听到 水
换成 水杯-a 造型
朗读 你看，水已经倒好啦
Radio
当 被点击
移到 x: -18 y: -1
当听到 钢琴
换成 Radio-a 造型
播放声音 Emotional Piano 等待播完
换成 Radio-b 造型

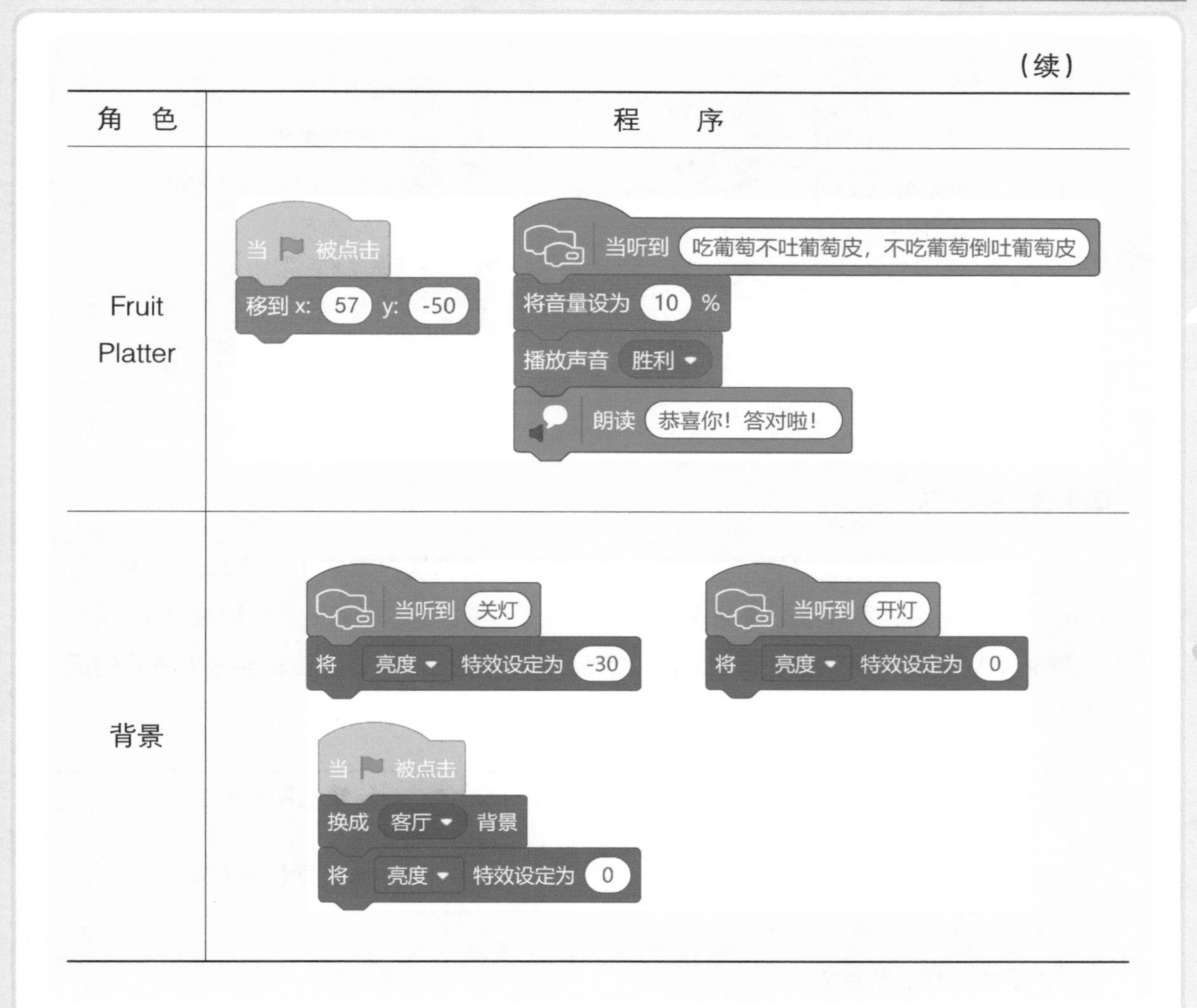

（续）

角　色	程　　序
Fruit Platter	当 ⚑ 被点击 移到 x: 57 y: -50 当听到 吃葡萄不吐葡萄皮，不吃葡萄倒吐葡萄皮 将音量设为 10 % 播放声音 胜利 朗读 恭喜你！答对啦！
背景	当听到 关灯 将 亮度 特效设定为 -30 当听到 开灯 将 亮度 特效设定为 0 当 ⚑ 被点击 换成 客厅 背景 将 亮度 特效设定为 0

6.5 人工智能小故事

6.5.1 图灵测试

图灵测试（The Turing Test）由艾伦·麦席森·图灵（Alan Mathison Turing）发明，指测试者与被测试者（一个人与一台机器）在隔开的情况下，测试者通过一些装置（如键盘）向被测试者随意提问，测试者根据回答判断被测试者是人还是机器。进行多次测试后，如果机器让平均每个测试者做出超过 30% 的误判，那么这台机器就通过了测试，并被认为具有人类智能。

艾伦·麦席森·图灵，英国数学家、逻辑学家，被称为计算机科学之父、人工智能之父。

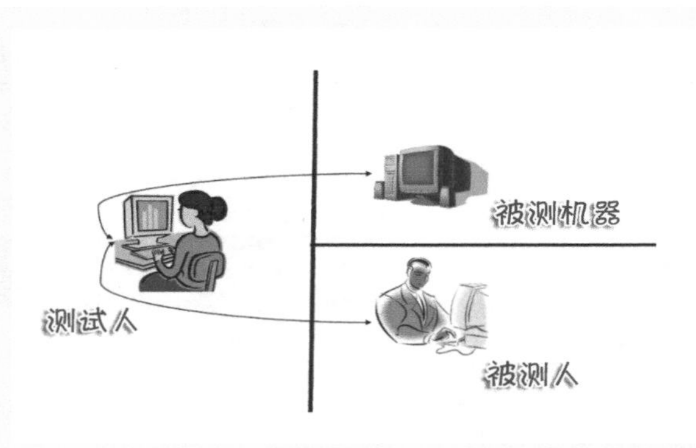

机器的回答
问：你会下国际象棋吗？
答：是的。
问：你会下国际象棋吗？
答：是的。
问：请再次回答，你会下国际象棋吗？
答：是的。

人的回答
问：你会下国际象棋吗？
答：是的。
问：你会下国际象棋吗？
答：是的，我不是已经说过了吗？
问：请再次回答，你会下国际象棋吗？
答：你烦不烦，干嘛老提同样的问题。

6.5.2 试一试

图灵测试是判断机器是否“具有了人的智能”。我们现在掌握了语音识别技术，可以和机器进行对话，通过本节课的内容我们也知道了机器的“回答”是可以被设定好的，那同学们可以试试，使用语音识别功能，问机器三个相同的问题，让机器做出不同的反馈吧！

问　　题	小伙伴的回答	智能助手的回答
我们是朋友吗?	说啥呢，当然是好朋友呀!	你当然是我的朋友。
我喜欢吃蛋糕，你呢?	我也是，尤其是抹茶味儿的。	真的吗?
你会下象棋吗?	会呀!	对不起，我恐怕无法回答你这个问题。

第 7 章
手势识别——春节“云拜年”

7.1 中国年

“小伙伴们，你知道小麦最期待的节日是什么吗？就是春节啦，据小麦了解，春节是中国农历新年，是一年之岁首、传统意义上的年节。春节是很多人一年当中最最期待的传统节日之一，每到春节人们都会欢聚一堂聊家常、辞旧迎新放爆竹、祈福拜神求安康、拜年红包送祝福，真是太欢乐了！可是，从 2020 年的新年开始，全球出现疫情，人们为配合防疫措施，过年期间主动居家减少聚会，开启了‘云拜年’模式。在网络平台上视频拜年送恭喜，在微信上收发红包传递美好的祝愿，通过各种形式来表达我们春节的美好祝福。小麦当然也要为‘云拜年’尽一份力啦，于是我做了一个有趣的互动小游戏，在 Mind+ 里就能够实现‘送恭喜’‘抢红包’‘求签祈福’等功能，帮助我们在家里的时候就能够感受春节的气氛，我们一起来试试吧！”

确认本章目标：通过手势识别功能，识别出表示“送恭喜”和“求签祈福”两种功能的手势，并出现相应的动画效果。

手　　势	功　　能	效　　果
	送恭喜	落下红包雨，然后可以抢红包
	求签祈福	随机出现一个祈福签

7.2 科技面对面——手势识别

7.2.1 一起读一读

手势识别是通过数学算法来识别人类手势的一种方法。AI 系统会对我们手势的关键节点进行标注，通过算法对标注点的相对位置进行区分，从而能够识别出我们的手势形状。不同的手势代表了不同的信息，例如竖起大拇指代表了“点赞”，竖起食指代表“数字 1”等。生活中我们也会有很多场景运用到手势，在很嘈杂的环境下，我们会使用手势来进行交流；在和人打招呼的时候我们会挥手示意；在直播或者自拍的时候，做出“比心”手势时出现特效画面等。手势识别能够理解并传递我们想要表达的信息，让我们与机器的交流变得更加奇妙和多彩，这也是进行人机交互时非常常用的一项功能。

7.2.2 一起说一说

在一些特定的场合，手势比语言更能够表达情感。譬如当我们站在国旗下敬礼的时候，不需要说一句话，就能表达我们对国旗、对祖国的敬意。当我们双手合十祈福的时候，心有所念无须多言，就能表达我们的虔诚。所以手势也是我们表达情感的一种重要方式，你能说说平时在家里都和爸爸妈妈会用到哪些手势进行交流吗，这些手势都包含了什么样的情感呢?

7.3 小麦的秘密武器

7.3.1 “AI 图像识别”模块

AI 图像识别是基于百度 AI 的数据库的，能够实现人脸识别、人脸对比、物体识别、文字识别、车牌识别、手势识别、人体关键点识别等丰富的功能。我们添加好“ AI 图像识别”模块就能够调用里面的手势识别功能啦！

我们从 Mind+—扩展—网络服务里找到“AI 图像识别”功能。

注：使用此功能需要联网。

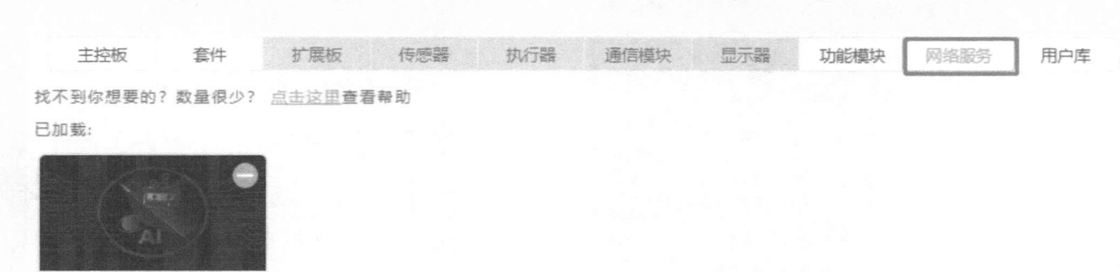

7.3.2 程序指令说明

程序指令	功　能
使用 舞台 ▾ 显示摄像头画面 使用 弹窗 ▾ 显示摄像头画面	摄像头看到的画面可通过此程序的“▼”键选择用舞台或者弹窗显示
开启 ▾ 摄像头 关闭 ▾ 摄像头 镜像开启 ▾ 摄像头	控制摄像头的开启模式，通过此程序的“▼”键选择不同的开启方式或关闭

（续）

程序指令	功　　能
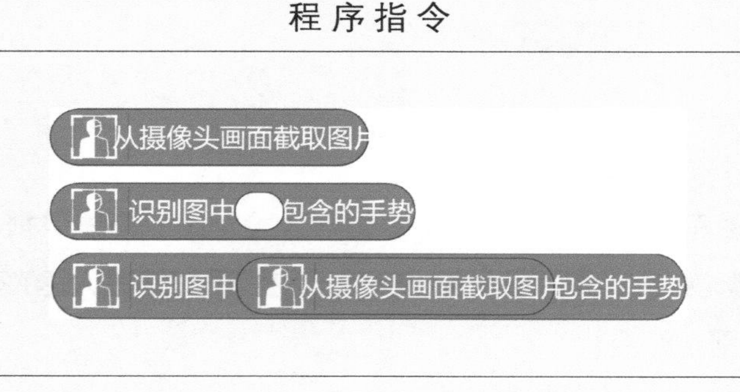	第 1 个和第 2 个程序是结合使用的，一起组成第 3 个程序，这个程序执行时能告知我们从摄像头画面中获取的手势信息
手势 Congratulation(作揖) One(数字1) Two(数字2) Three(数字3) Four(数字4) Five(数字5) Six(数字6) Seven(数字7) Eight(数字8) Nine(数字9) Fist(拳头) OK(OK) Prayer(祈祷)	此程序用于判断摄像头识别的结果（上面的第三个程序）属于哪一个手势，通过“▼”键选择不同的手势进行判断

7.3.3 小试身手：让 Mind+“看懂我们的手势”

想要让 Mind+ 看懂我们的手势非常简单，我们只需要打开摄像头，之后每过 1s 识别一次我们的手势，然后将识别的结果存储在变量“识别结果”中，这样我们就可以通过变量“识别结果”看到手势识别的结果啦！

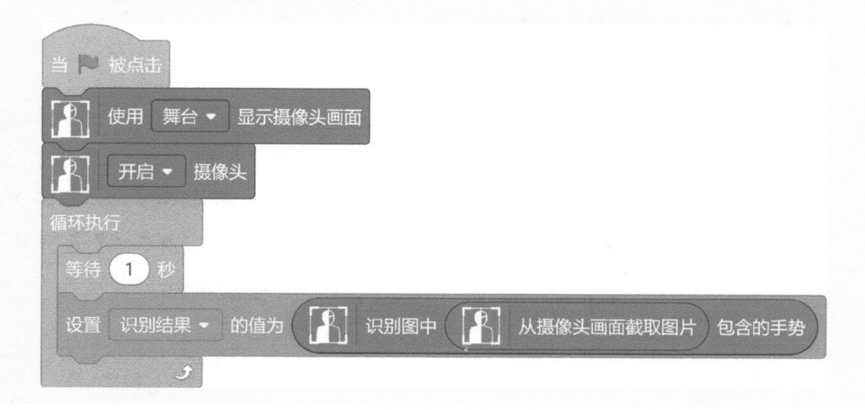

具体步骤和功能说明如下：

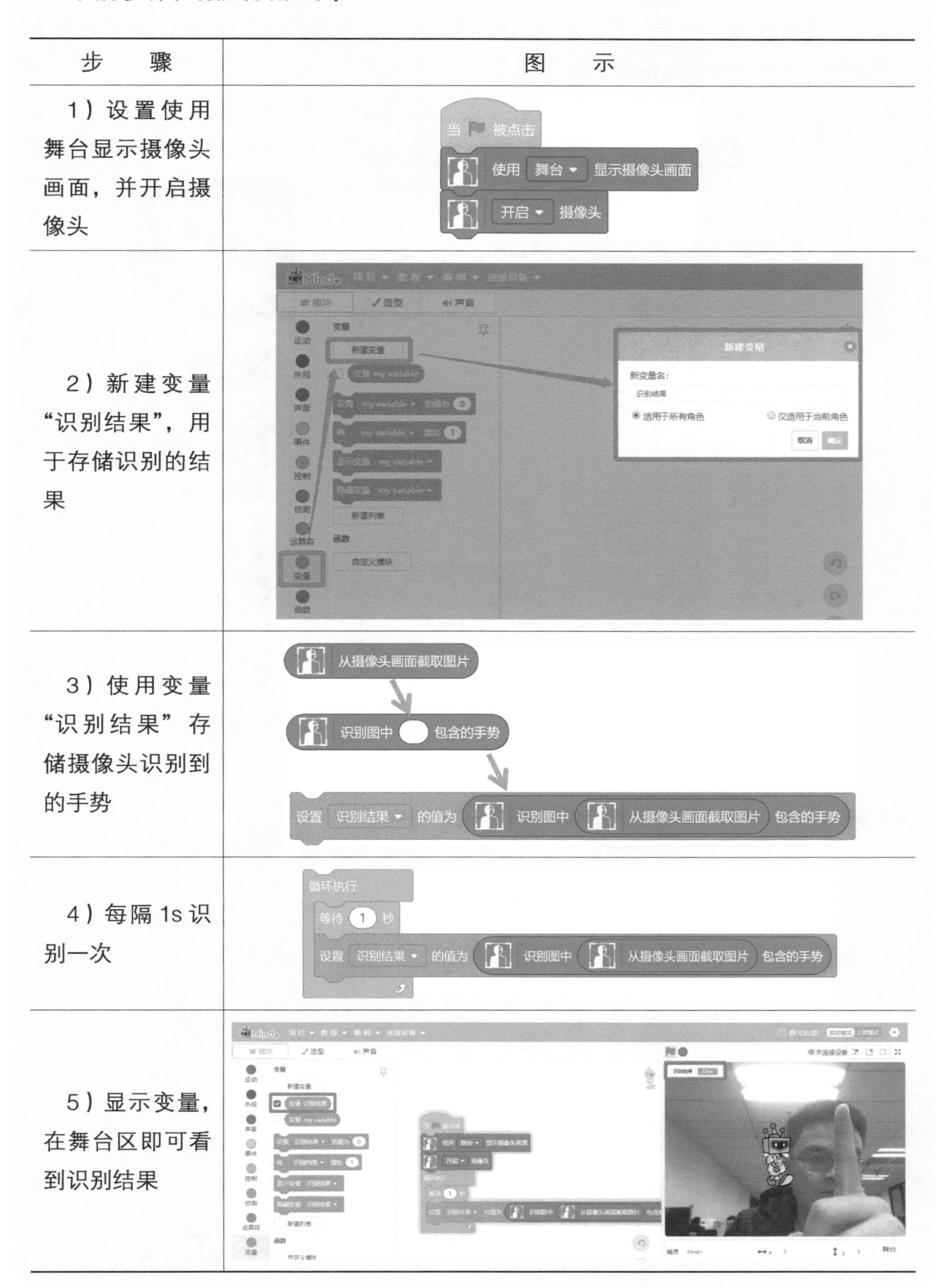

步　骤	图　示
1）设置使用舞台显示摄像头画面，并开启摄像头	当 被点击 使用 舞台 显示摄像头画面 开启 摄像头
2）新建变量“识别结果”，用于存储识别的结果	新建变量 新变量名: 识别结果 适用于所有角色　仅适用于当前角色 取消　确定
3）使用变量“识别结果”存储摄像头识别到的手势	从摄像头画面截取图片 识别图中 包含的手势 设置 识别结果 的值为 识别图中 从摄像头画面截取图片 包含的手势
4）每隔1s识别一次	循环执行 等待 1 秒 设置 识别结果 的值为 识别图中 从摄像头画面截取图片 包含的手势
5）显示变量，在舞台区即可看到识别结果	

当前可以识别的手势有：数字 1~9、拳头、OK、祈祷、作揖、作别、单手比心、点赞、我爱你、掌心向上、双手比心 1、双手比心 2、双手比心 3、Rock、脸等多种手势和人脸。具体的手势示例如下：

手 势 名 称	程序识别结果	示 例 图
数字 1	One	
数字 2	Two	
数字 3	Three	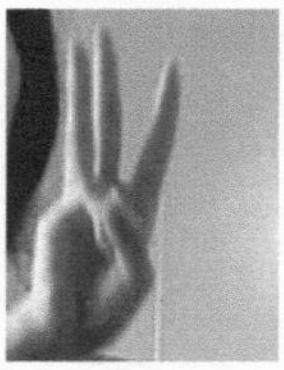
数字 4	Four	
数字 5	Five	
数字 6	Six	
数字 7	Seven	

（续）

手 势 名 称	程序识别结果	示 例 图
数字 8	Eight	
数字 9	Nine	
拳头	Fist	
OK	OK	
祈祷	Prayer	
作揖	Congratulation	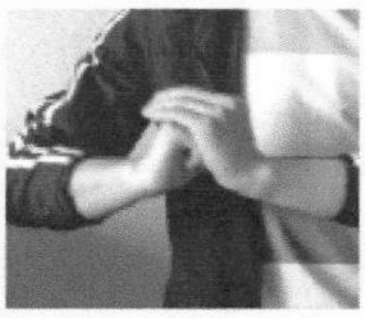
作别	Honour	

（续）

手 势 名 称	程序识别结果	示 例 图
单手比心	Heart_single	
点赞	Thumb_up	
我爱你	ILY	
掌心向上	Palm_up	
双手比心 1	Heart_1	
双手比心 2	Heart_2	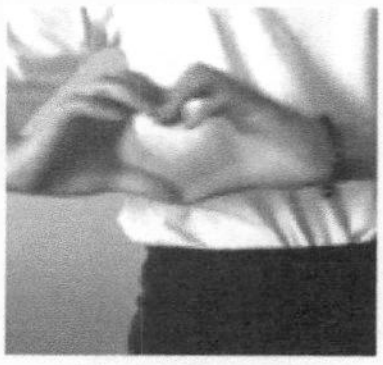
双手比心 3	Heart_3	

（续）

手势名称	程序识别结果	示 例 图
Rock	Rock	
脸	Face	图中主要为人脸。手势识别时需避免人脸出现在主体画面中

7.4 目标实现——云拜年祈福互动

掌握了手势识别的要领了之后，接下来就是要开始使用手势识别来创作一个 AI 互动游戏给我们的春节增添一份欢乐。

7.4.1 素材准备

从“素材百宝箱”中添加本章的角色和音乐，同前面方式上传素材即可。

角色的文件名后缀为“.sprite3”，打开文件夹后会看到如下四个角色的文件（“.sprite3”的文件是直接从 Mind+ 软件中导出来的角色文件。此文件会保留角色原来在 Mind+ 中的大小、位置、程序和造型）：

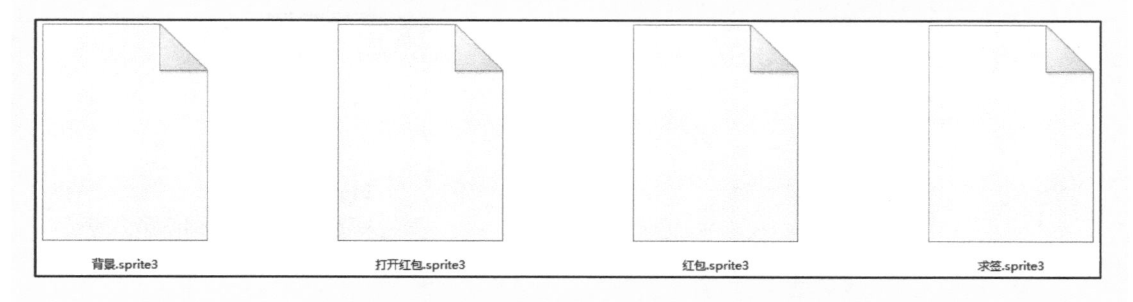

添加好角色后，删除小麦的角色 ，就会生成如下四个角色，背景音乐的添加方法可以参考第 4 章的操作步骤，将音乐添加到角色“背景”里。

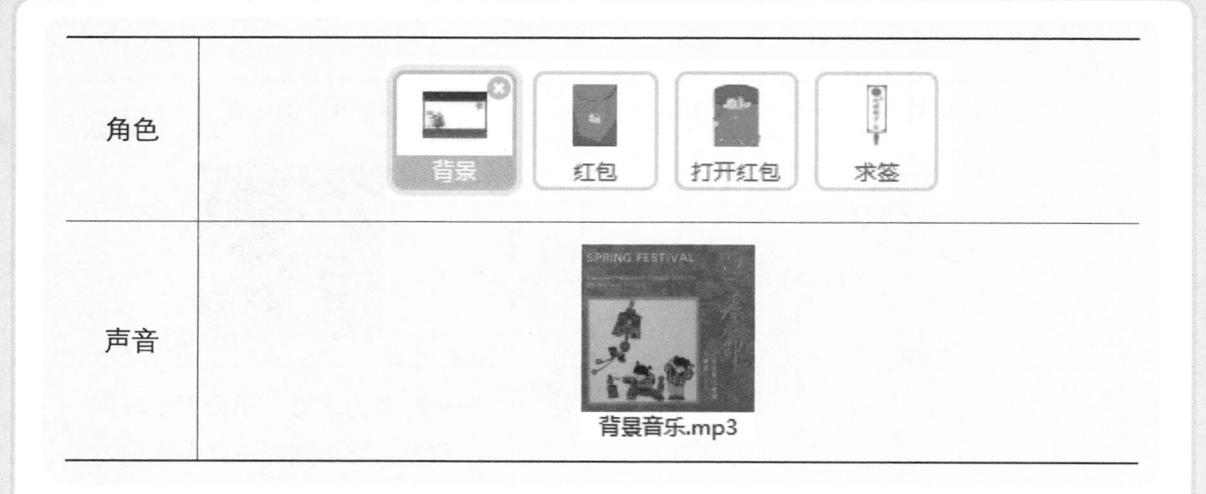

角色	背景　红包　打开红包　求签
声音	背景音乐.mp3

查看角色“打开红包”和“求签”的造型，我们可以看到这两个角色中是含有多个造型的，通过造型的切换可以实现动画效果。

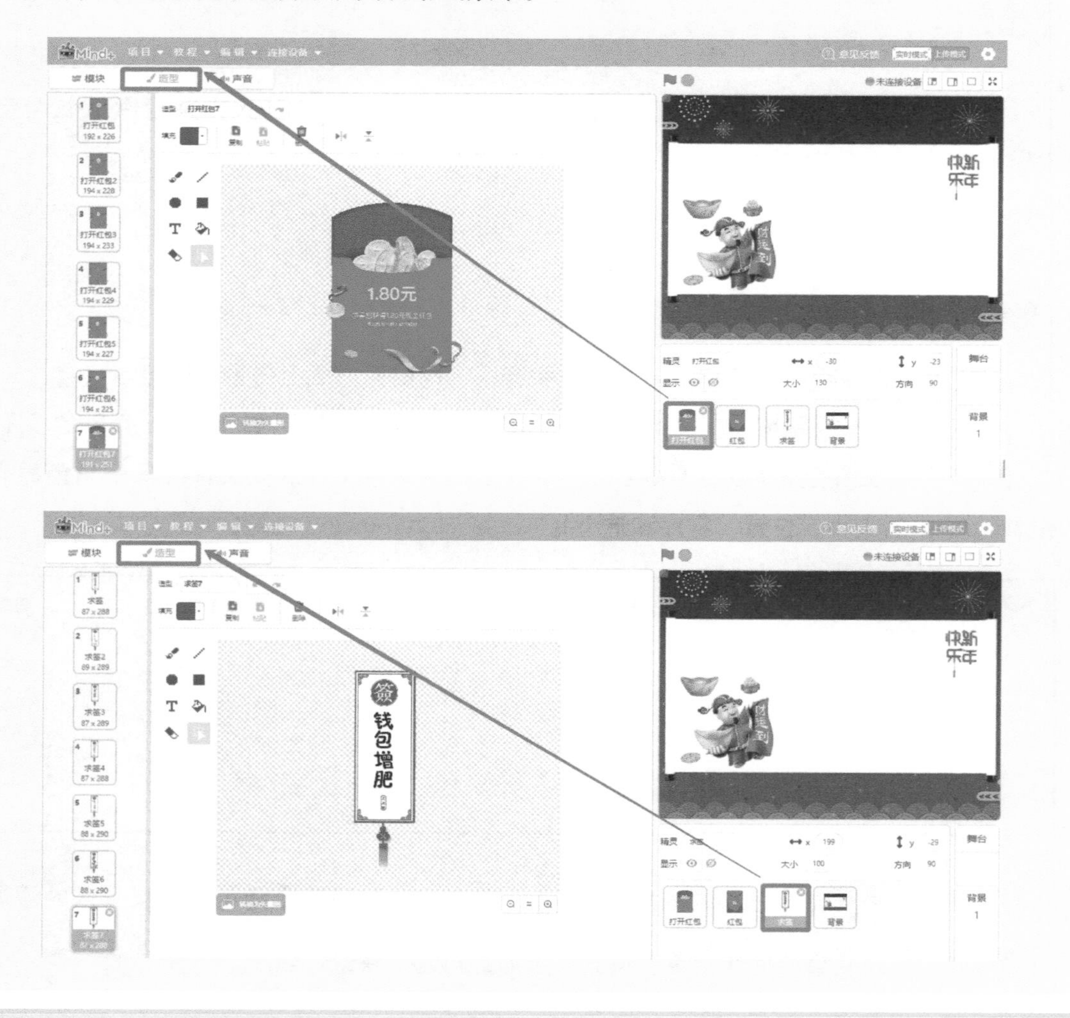

7.4.2 功能实现

1. 识别“作揖”的手势下红包雨

此功能的程序需要在角色“背景”和“红包”中进行编写。角色“背景”的作用是给互动游戏设置一个美观的画面，然后单击绿旗后，开始进行手势识别，并播放角色中添加的背景音乐。而“红包”的作用则是在识别到“作揖”的手势后，展示红包雨的特效。

（1）角色“背景”的程序

程　　序	效　　果
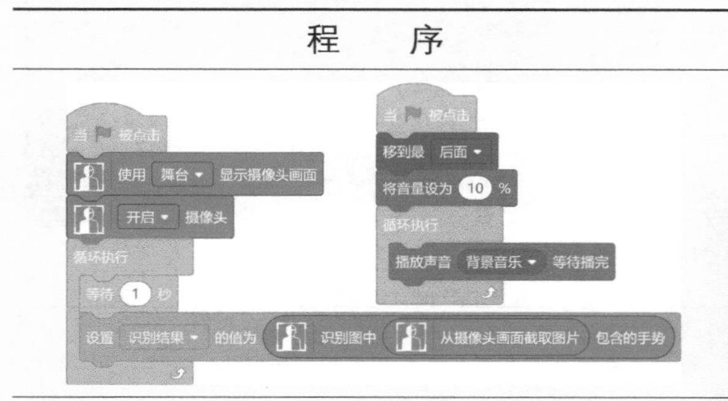	
程序说明：检测手势的程序说明参考 7.3.3 节的内容。在角色“背景”下添加好音乐后，将音量设置为 10%，然后循环播放添加的音乐。需要注意的是使用“播放声音 XX 等待播完”这个程序指令。因为此角色为背景，所以在绿旗后加入移到最后面，以免遮挡其他角色	

（2）角色“红包”的程序

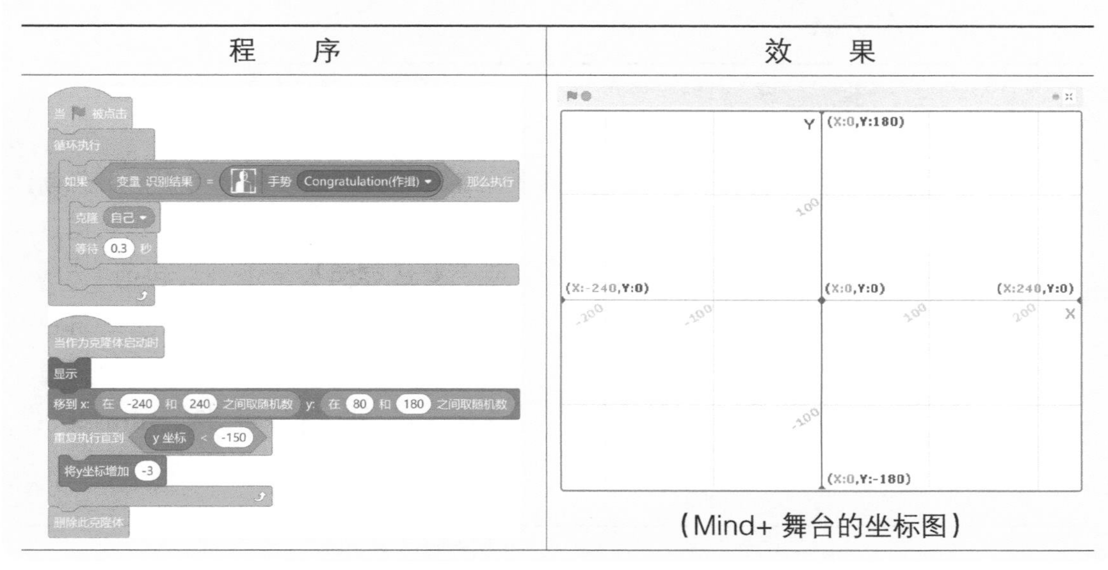

（Mind+ 舞台的坐标图）

（续）

程　　序	效　　果
程序说明：红包雨是通过对一个红包进行复制（克隆），从而实现让众多红包缓缓落下的效果。首先就是在识别到手势“作揖”的时候对红包进行复制，每 0.3s 复制一次，这样就能出现多个红包。每一个被复制出来的红包会显示在 x：-240~240，y：80~180 之间的任意一个地方，然后缓缓下落，直到下落位置的 y 坐标小于 -150，就删除掉这个被复制出来的红包	

2. 鼠标单击红包雨中的红包，就可以打开红包

此功能是在两个角色“红包”和“打开红包”之间进行互动，需要使用广播功能，当被复制出来的角色被鼠标单击时，“打开红包”的动画会从被单击的那个红包的位置处出现。

（1）角色“红包”的程序

程　　序	程序说明
当角色被点击 设置 x 的值为 x 坐标 设置 y 的值为 y 坐标 广播 消息1	当复制出来的红包被单击时，先新建两个变量“x”和“y”，然后用这两个变量存储被单击的红包的 x 和 y 的值，然后广播“消息 1”。当角色“打开红包”收到广播后，就能够通过变量“x”和“y”得到被单击的红包的坐标啦

（2）角色“打开红包”的程序

程　　序	程序说明
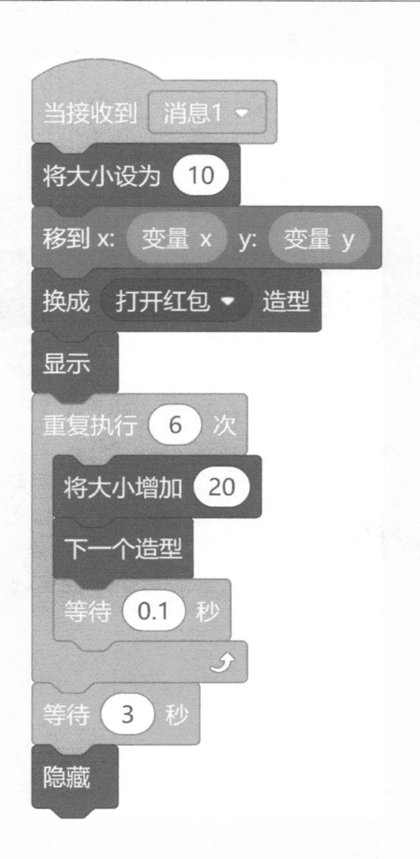	程序说明：角色“打开红包”是由七个造型组成的。当收到角色“红包”的广播“消息 1”后，先将“打开红包”的大小设置为 10，然后移动到被单击的红包的位置，将造型切换为第一个“打开红包”再显示。动画效果循环六次，刚好切换到第七个造型，每次切换将大小增加 20 并等待 0.1s。造型切换完成后，等待 3s 是让最后一个造型（显示金额）停留一段时间，然后隐藏起来
程序效果	

3. 识别“祈祷”的手势，结束后随机出现一个祈福签

角色“求签”的程序如下：

程　　序	程序效果 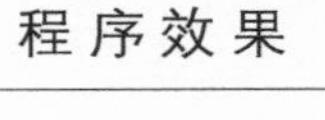
当 🏁 被点击 循环执行 　如果 〈变量 识别结果 = 手势 Prayer(祈祷)〉 那么执行 　　显示 　　下一个造型 　　等待 0.2 秒 　否则 　　等待 3 秒 　　隐藏	
程序说明：角色“求签”中有七个不同的造型，每个造型都是一个不同的祈福签，当识别到“祈祷”的手势时，每隔 0.2s 切换一个造型。当没有识别到“祈祷”的手势后，造型就不再切换，最后一个显示的造型停留 3s 后消失	

7.4.3 完整程序参考

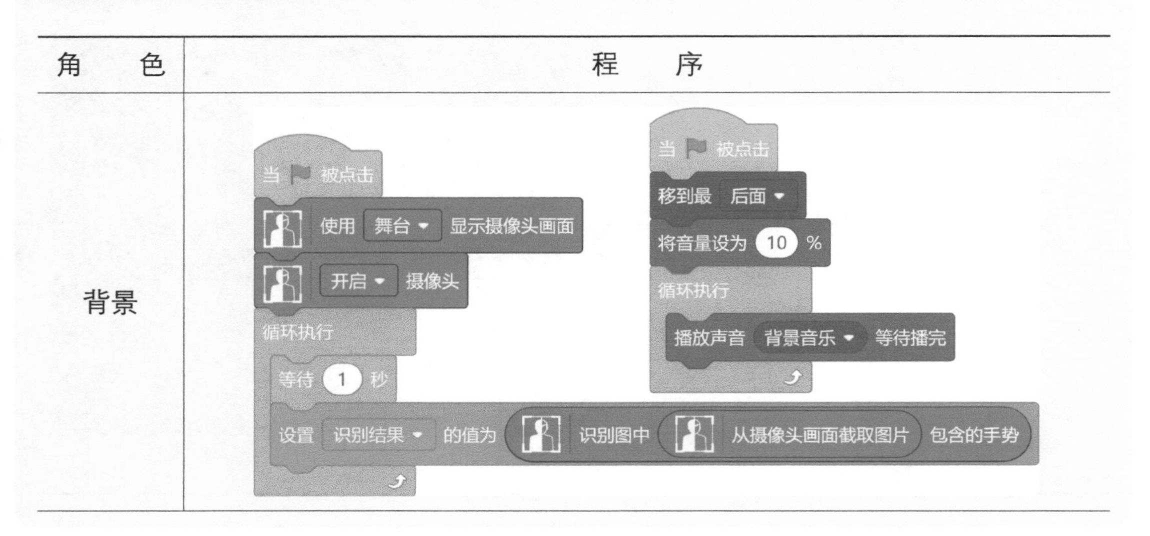

（续）

角　　色	程　　序
红包	当 🏴 被点击 循环执行 如果 变量 识别结果 = 手势 Congratulation(作揖) 那么执行 克隆 自己 等待 0.3 秒 当作为克隆体启动时 显示 移到 x: 在 -240 和 240 之间取随机数 y: 在 80 和 180 之间取随机数 重复执行直到 y 坐标 < -150 将y坐标增加 -3 删除此克隆体 当角色被点击 设置 x 的值为 x 坐标 设置 y 的值为 y 坐标 广播 消息1
打开红包	当接收到 消息1 将大小设为 10 移到 x: 变量 x y: 变量 y 换成 打开红包 造型 显示 重复执行 6 次 将大小增加 20 下一个造型 等待 0.1 秒 等待 3 秒 隐藏

（续）

角　　色	程　　序
求签	当 🏁 被点击 循环执行 如果 〈变量 识别结果 = 手势 Prayer(祈祷)〉 那么执行 显示 下一个造型 等待 0.2 秒 否则 等待 3 秒 隐藏

第 8 章
KNN 分类——五禽戏

8.1 五禽戏

“小伙伴们，你知道五禽戏吗？五禽戏是通过模仿虎、鹿、熊、猿、鸟（鹤）五种动物的动作，以保健强身的一种功法。五禽戏是我国古代医学家华佗在前人的基础上创造的。这五种动物都有各自特点，人们模仿它们的姿态进行运动时，正是间接起到了锻炼关节、脏腑的作用。现在的社会中，很多人都是早出晚归，辛苦劳动，缺少锻炼，这样也造成了很多身体上的问题。因此养成良好的运动、作息、饮食习惯是非常重要的。五禽戏是一项非常好的调理和养生的运动，在家里也可以做。小麦今天就做了一个游戏来让大家一起练习五禽戏，帮助我们强身健体。如果能够带上爸爸妈妈、爷爷奶奶一起来玩，那就更好啦。”

确认本章目标： 通过 KNN 物体分类，学习并识别出五禽戏中的五个形态和站立形态，然后通过我们做出来的形态和随机出现的形态做比对，做对了就加一分。

名 称	鹤 戏	猿 戏	虎 戏	鹿 戏	熊 戏
姿态					

8.2 科技面对面——KNN 分类

8.2.1 一起读一读

KNN（K Nearest Neighbor）意思是 K 个最近的邻居。KNN 是一种分类算法。在 Mind+ 中，它会记住所有训练的图片数据，记住数据后，当再次识别一张新的图片数据时，会在已经训练过的数据中去匹配最相近的结果，将其作为识别结果。在训练的过程中，数据量越大，最终识别的结果也就会越好。KNN 分类的功能能够让我们感受到机器学习的过程，让我们了解到为什么计算机能够认识香蕉、苹果和西瓜等。

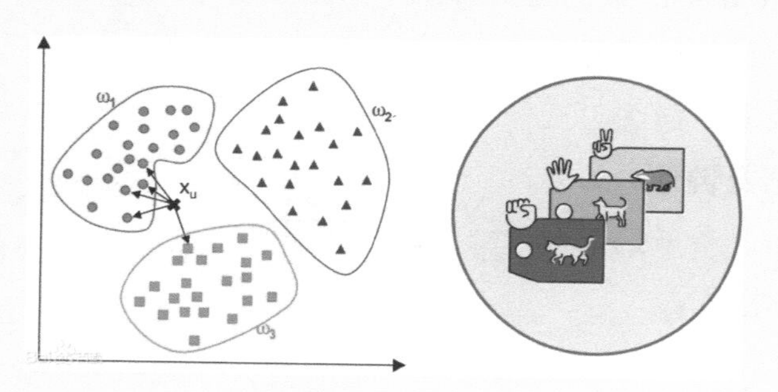

8.2.2 一起说一说

在 KNN 分类器中，计算机主要是靠我们给它的数据去进行学习。在我们看来，计算机的学习方式会比较简单。但细想一下，我们小时候是怎么认识身边的事物的呢？譬如我们是怎么认识飞机的？最开始可能是在书本或者电视上看见了不同形状的飞机，然后爸爸妈妈告诉我们这就是飞机，然后我们的大脑就通过这些图片记住了飞机的样子。其实机器学习在某种程度上来说，也是模仿了我们人类学习的样子。那请同学们思考一下，如何让机器识别“一个人在路上拎着一桶水，非常颠簸地走着，并时不时洒出一点水来”这个过程呢？

8.3 小麦的秘密武器

8.3.1 “KNN 物体分类”模块

KNN 物体分类器是 Mind+ 中“机器学习（ML5）”模块里的一个功能，在不需要网络的环境下，只需要一台计算机及一个普通的 USB 摄像头，即可完成机器学习的课程，学习使用人工智能的技术和功能。机器学习（ML5）模块中还包括 KNN 物体分类、FaceAPI 人脸识别追踪、PoseNet 姿态识别、mobileNet 物体识别等功能。

我们从 Mind+—扩展—功能模块—找到机器学习（ML5）模块。

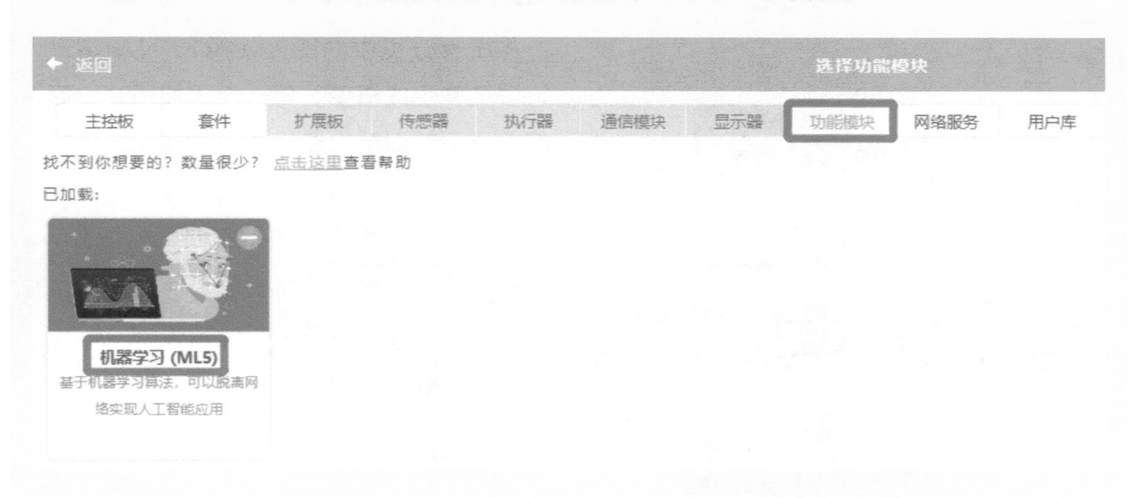

8.3.2 程序指令说明

程序指令	功　　能
使用 弹窗 ▾ 显示摄像头画面 ✓ 弹窗 舞台	摄像头看到的画面可通过此程序的“▼”键来选择用弹窗或者舞台显示
开启 ▾ 摄像头 ✓ 开启 关闭 镜像开启	控制摄像头的开启模式，通过此程序的“▼”键选择不同的开启方式或关闭

（续）

程序指令	功能
初始化KNN分类器	初始化 KNN 分类器，我们在“清除数据”和“进行训练”前需要先执行此模块
KNN将摄像头画面分类为 tag1	从计算机摄像头拍一张照片并加入名为 tag1 的分类中。分类的名称可以自己更改，每执行一次获取一张图片数据
KNN将本地文件夹图片 分类为 tag1	从计算机文件夹中一次加载多张图片到名为 tag1 的分类中
KNN开始分类训练	将所有分类中的图片使用 KNN 模型进行训练并生成模型。每一次添加图片之后都需要重新训练才能生效。注意此积木执行时需要较大算力，会导致计算机卡顿一段时间（计算机性能越强越流畅）
KNN 开始 识别摄像头画面分类	模型训练完成之后可以通过此积木进行连续识别。注意需要先训练再识别，添加图片前需要先调用此积木停止识别
KNN识别分类结果	获取识别结果
KNN清除分类模型数据	清除整个分类器中的所有数据

8.3.3 小试身手：采集“五禽戏”的图片数据

KNN 训练的数据来源一般有两种：一种是使用摄像头采集实时数据进行训练；另一种就是从网上直接寻找数据上传进行训练。接下来我们将用这两种方式进行模型的训练，体验数据收集和机器学习的过程。

1. 使用摄像头采集实时数据进行训练

主要运用的程序功能模块就是 KNN将摄像头画面分类为 tag1 。我们需要实现让摄像头去识别我们的表情。单击绿旗后，在摄像头前保持正常表情，按下“数字 1 键”学习一次照片数据，将其命名为“正常脸”。然后在摄像头前保持大笑表情，按下“数字 2 键”学习一次照片数据，将其命名为“笑脸”。之后按下“空格键”开始训练并识别。我们先来动手测试一下吧！

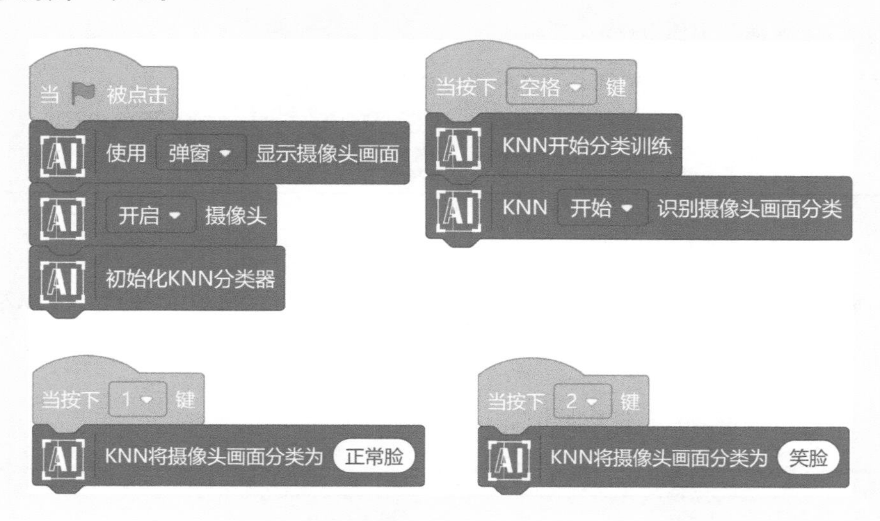

具体步骤和功能说明如下：

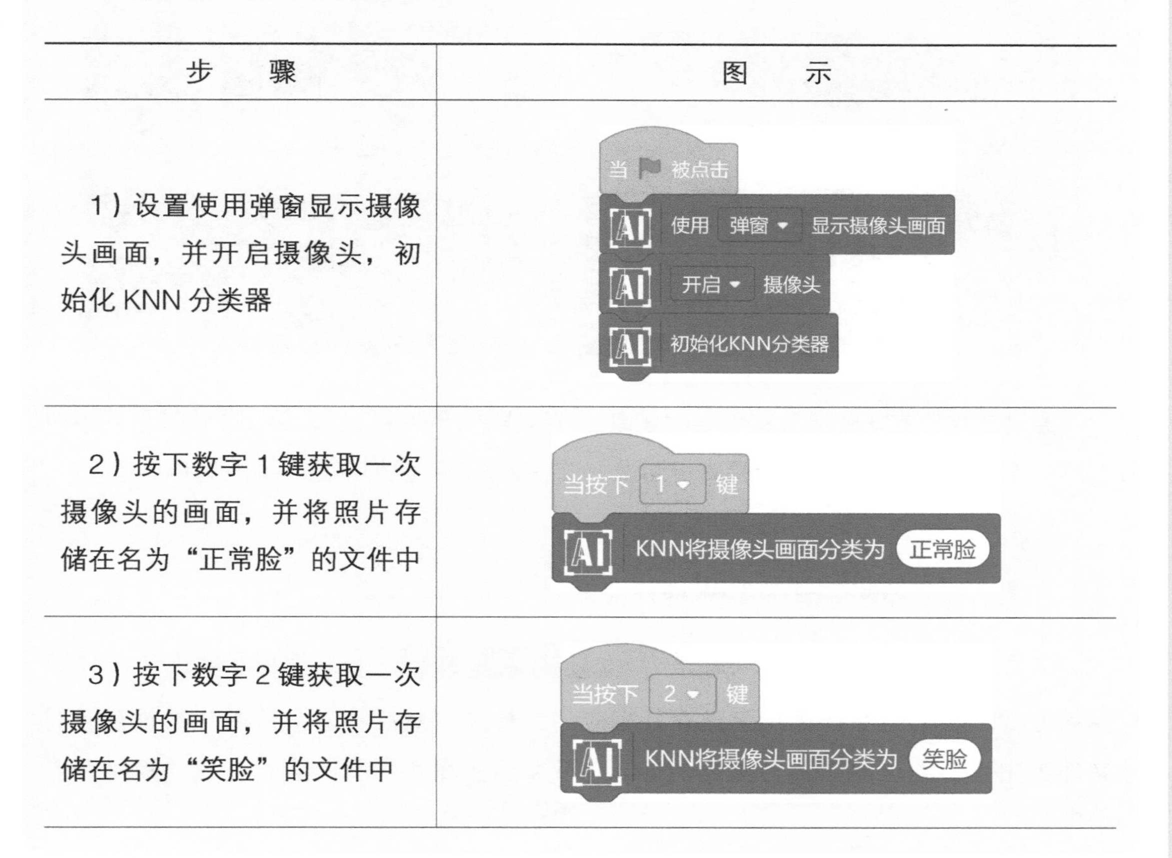

步　骤	图　示
1）设置使用弹窗显示摄像头画面，并开启摄像头，初始化 KNN 分类器	当 被点击 使用 弹窗 显示摄像头画面 开启 摄像头 初始化KNN分类器
2）按下数字 1 键获取一次摄像头的画面，并将照片存储在名为“正常脸”的文件中	当按下 1 键 KNN将摄像头画面分类为 正常脸
3）按下数字 2 键获取一次摄像头的画面，并将照片存储在名为“笑脸”的文件中	当按下 2 键 KNN将摄像头画面分类为 笑脸

（续）

步　　骤	图　　示
4）按下空格键，开始对学习的数据进行训练。训练完成后开始进行识别	当按下 空格 ▾ 键 AI KNN开始分类训练 AI KNN 开始 ▾ 识别摄像头画面分类

注：每按下一次数字 1 或 2 键只能采集一张图片数据，所以在操作时可以尽量多采集一些图片数据（如在保持笑脸表情下多按几次数字 2 键），数据都采集完后，再按下空格键进行训练和识别。

通过这样的方式就能够实现实时获取图片数据进行训练。那如果我想让其他的小朋友不需要做图片数据采集，而是直接测试，该怎么办呢？我们来看下面的这种办法。

2. 导入计算机中的图片数据进行训练

主要运用的程序功能模块就是 AI KNN将本地文件夹图片 ⚙ 分类为 tag1 。使用本地上传图片数据的方式。我们先在计算机上建立好相应的文件夹，然后将对应的图片数据存储到文件夹中，再到程序中进行数据的导入（下面的步骤所需要的素材，在“素材百宝箱中”）。

步　骤	图　示
1）将6张不同姿态的图片分别放入6个文件夹中，每一个文件夹中可以放入同一种姿态的多张图片	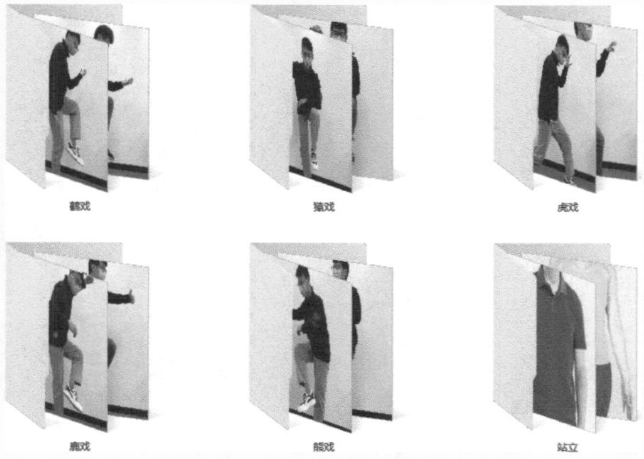 鹤戏 猿戏 虎戏 鹿戏 熊戏 站立
2）开启摄像头，初始化分类器	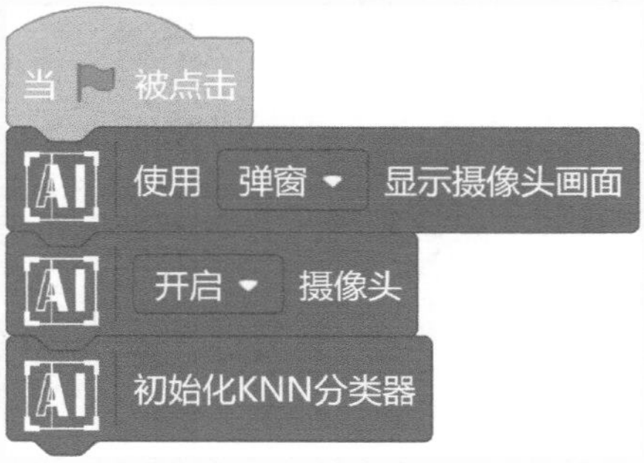 当 🏴 被点击 使用 弹窗 ▾ 显示摄像头画面 开启 ▾ 摄像头 初始化KNN分类器
3）按下数字1键将文件夹"鹤戏"导入到Mind+中，并命名为"鹤"。 注：单击"打开"按钮后，我们需要选择的是图片所在的文件夹而不是一张一张的图片	 当按下 1 ▾ 键 KNN将本地文件夹图片 ⚙ 分类为 鹤 C:\Users\Shao... 打开

（续）

步　　骤	图　　示
4）按照上一步的操作方式，将 6 种不同姿态的图片依次导入到 Mind+ 中，每次间隔 1s。添加完成后即可开始对数据进行分类训练	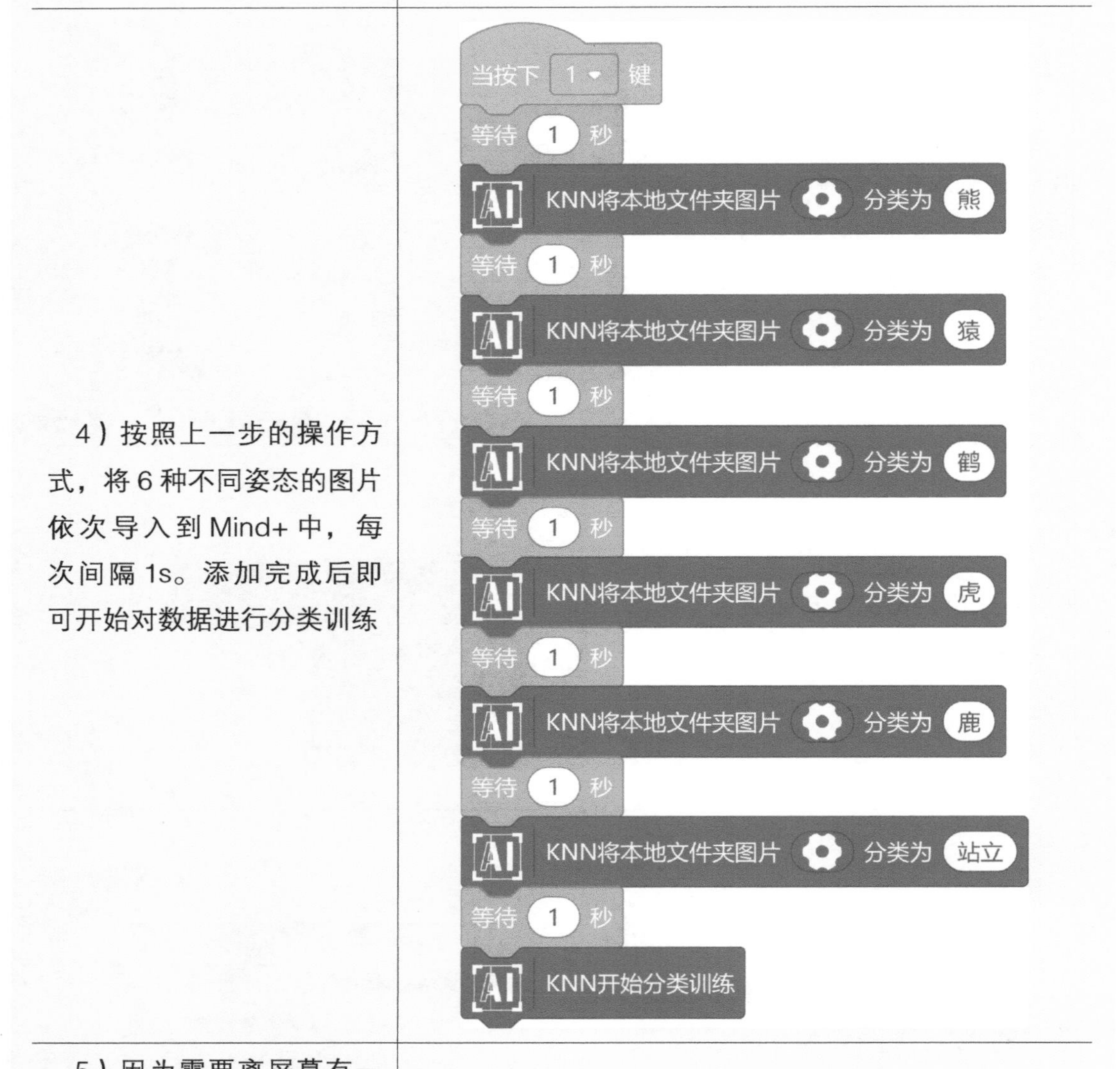
5）因为需要离屏幕有一定距离，所以我们用声音来控制测试功能的触发。我们摆好姿势后，只需要对着计算机说一句“嘿”，就可以进行识别结果的测试啦	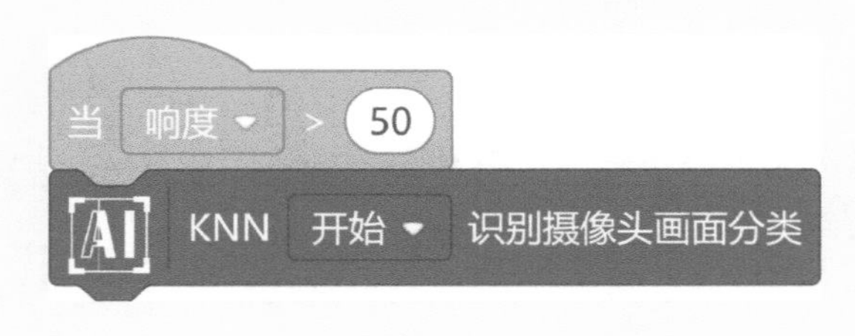

以上两种上传图片数据的方法小伙伴们都可以进行尝试。在采集图片数据的过程中可以叫上自己的爸爸妈妈或者爷爷奶奶一起来玩哦！

8.4 目标实现——五禽戏

掌握了 KNN 分类的方法后，接下来我们将一起动起来，做一个 AI 健身小游戏，和家人一起来强身健体吧！

8.4.1 素材准备

从“素材百宝箱”中添加本章的角色和声音。同前面方式上传素材即可。

角色的文件名后缀为“.sprite3”，打开文件夹后会看到如下 5 个角色的文件：

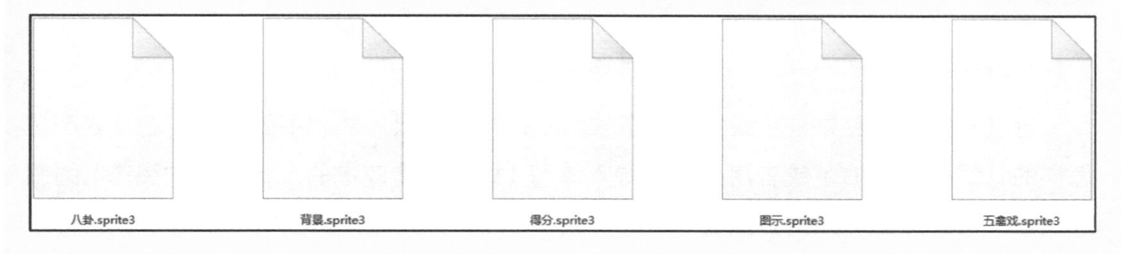

添加好角色后，删除小麦的角色 ，就会生成如下 5 个角色。

查看角色“八卦”和“五禽戏”的造型，我们可以看到这两个角色中是含有多个造型的，通过造型的切换可以实现动画效果。

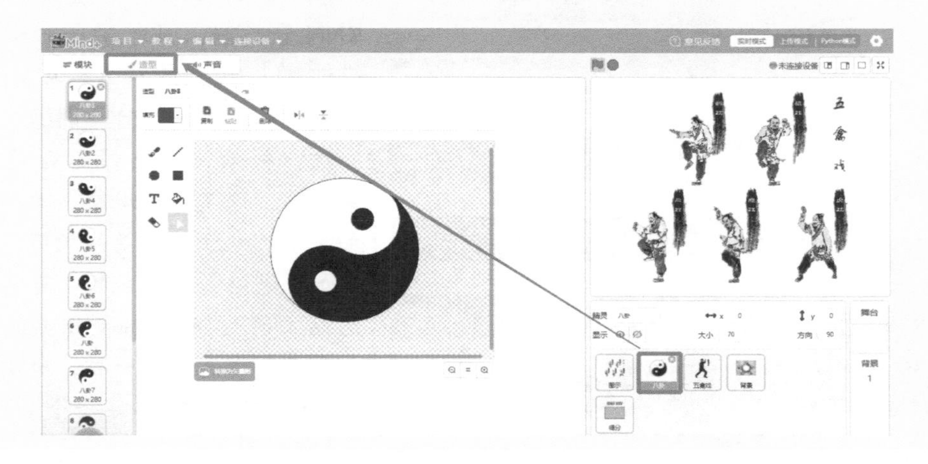

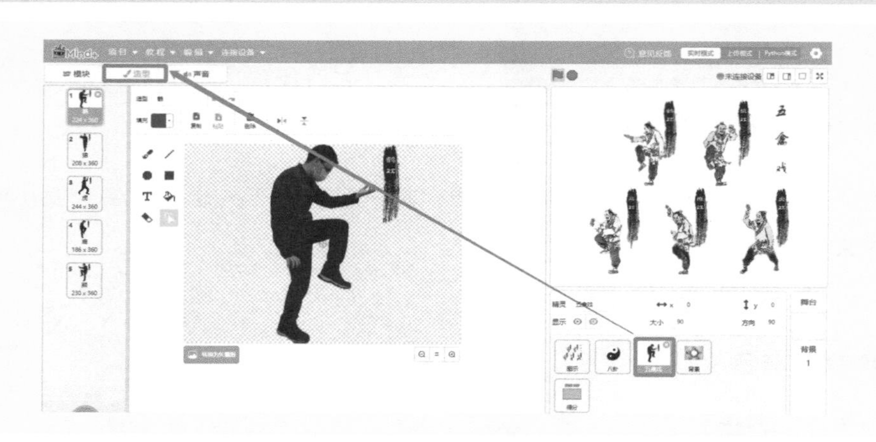

8.4.2 功能实现

1. 五禽戏姿态练习与图片数据导入

游戏开始时，会先显示五禽戏姿态的图示，我们可以先熟悉下五禽戏的五个姿态是怎样的。然后可以拍照或者用摄像头导入练习（摆出五禽戏中的五个不同的姿态）的图片数据。两种数据导入的方法在 8.3.3 节中都有详细介绍和说明。接下来的项目我们采用从文件夹中导入图片数据的方法进行项目的创作。

角色“图示”的程序如下。

程　　序	程序说明
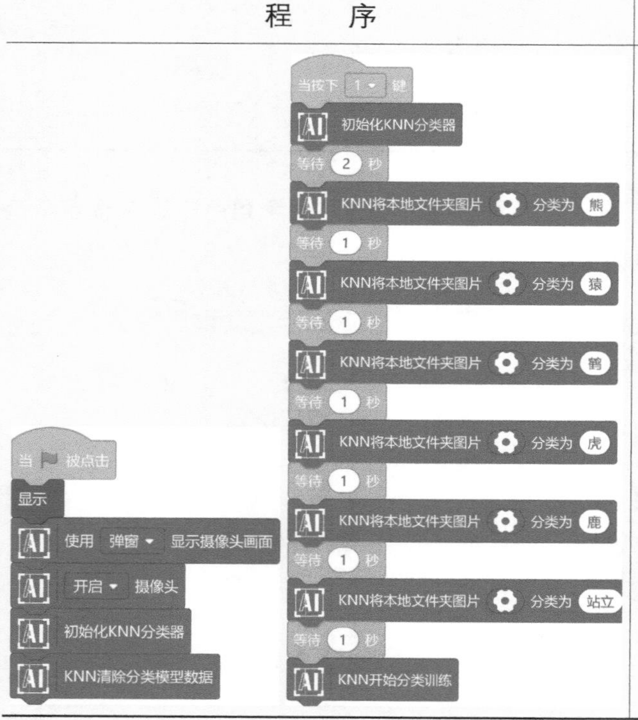	单击绿旗后，角色“图示”显示出来，小伙伴们就可以对着舞台上的图示进行五禽戏的练习了。然后开启摄像头，初始化 KNN 分类器，清除分类器的模型数据。 按下“数字 1 键”后，初始化 KNN 分类器，开始进行 6 个文件夹中图片数据的导入。中间间隔 1s，然后开始进行分类训练。 注：初始化分类器时可能会有些卡顿，这是正常现象。素材中还加入了“站立”的图片数据，如果不加入“站立”的数据，可能当我们站立的时候，KNN 分类的结果会是五种姿态中的一种，所以加入“站立”相当于加入了一个参照物

2. 背景动画效果和五禽戏的五种姿态造型随机出现

当检测到声音时，背景的动画效果开始运行。角色“五禽戏”的五种姿态造型随机出现，并由小慢慢变大，当造型达到最大时消失，等待下一次呼唤。在造型慢慢变大的过程中，我们需要模仿这个变大的造型。如果在造型消失前，摄像头识别出来了你做的动作和造型的动作是一致的，那就加 1 分，否则不加分。游戏在训练完上传的数据后开始计时，1 分钟（min）内看看谁的得分最多。

（1）角色“八卦”的程序

程　　序	效　　果
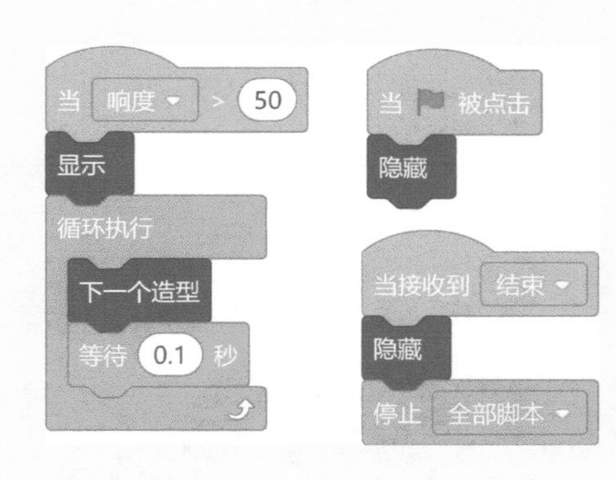	
程序说明：在绿旗单击时隐藏，当检测到声音的值大于 50 时，显示出来，并开始进行造型的切换（八卦会转起来），当游戏时间到了 1min 后，会收到“结束”的广播，然后隐藏并停止所有脚本	

（2）角色“背景”的程序

程　序	效　果 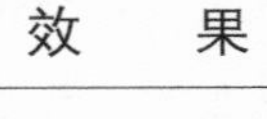
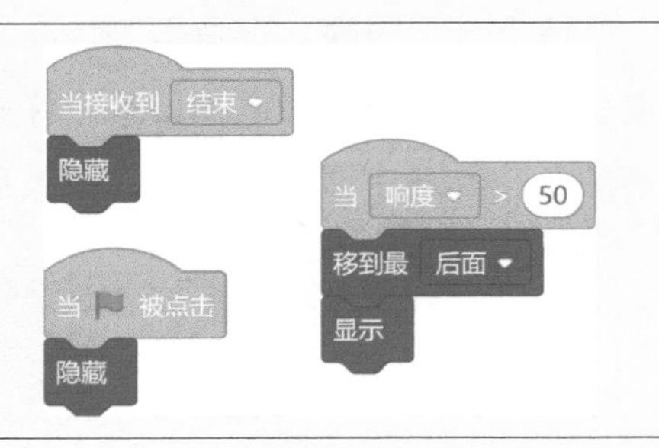 	
程序说明：在绿旗单击时隐藏，当检测到声音的值大于 50 时，显示出来。当游戏时间到了 1min 后，会收到“结束”的广播，然后隐藏	

（3）角色“五禽戏”的程序

程　序	效　果
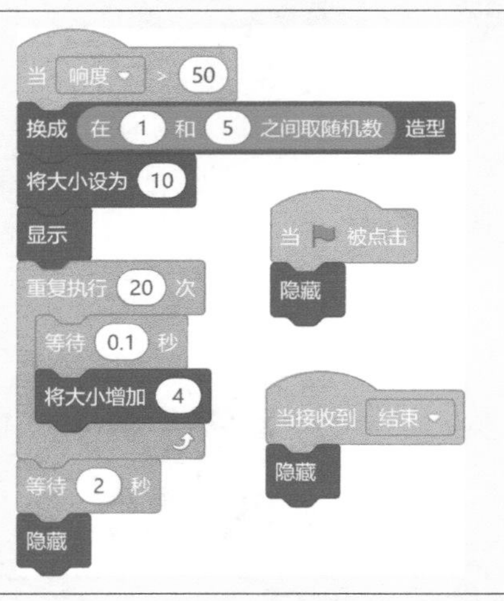 	 
程序说明：在绿旗单击时隐藏，当游戏时间到了 1min 后，会收到“结束”的广播，然后隐藏。当检测到声音的值大于 50 时，设置 5 种姿态造型中的随机一种造型，并将大小设置为 10 再显示，然后让造型不断增大，增大 20 次后，等 2s 再隐藏	

3. 游戏时间与得分的设置

设置好游戏时间为 1min，在按下数字 1 键后开始计时。在每次检测到声音后，开始进行识别，如果识别的结果和舞台中“五禽戏”造型的动画效果一样的话，加 1 分，计时结束后显示总分。

（1）角色“图示”的程序

程　　序	效　　果
当 响度 > 50 隐藏 重复执行 3 次 　KNN 开始 识别摄像头画面分类 　等待 2 秒 　如果 KNN识别分类结果 = 五禽戏 的 造型名称 那么执行 　　将 得分 增加 1 　　停止 这个脚本 当按下 1 键 计时器归零	
程序说明：系统的计时器是在打开 Mind+ 后开始计时，所以当我们按下数字 1 键时让计时器归零，这样就能起到控制游戏时间的效果（需要在打开 Mind+ 后 1min 内按下数字 1 键）。当检测到声音时，“图示”隐藏，然后每隔 2s 识别一次（防止卡顿），总共识别 3 次，在这三次中，如果有一次识别的结果和“五禽戏”的造型一致，则加 1 分，并停止识别	

（2）角色“得分”的程序

程　　序	效　　果
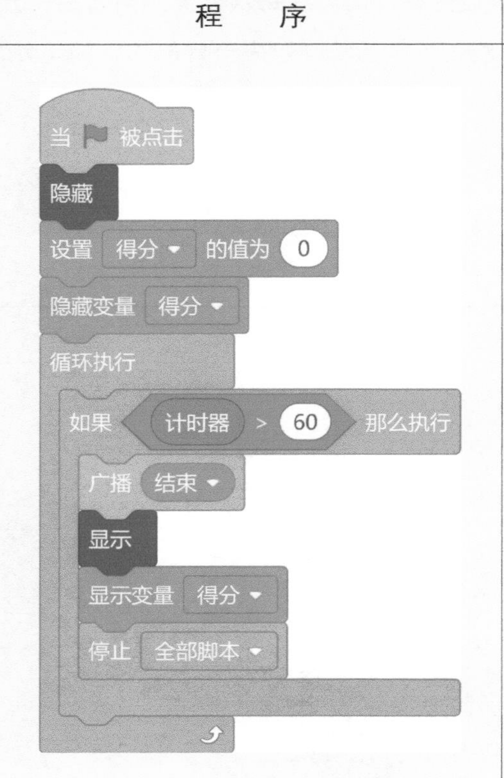	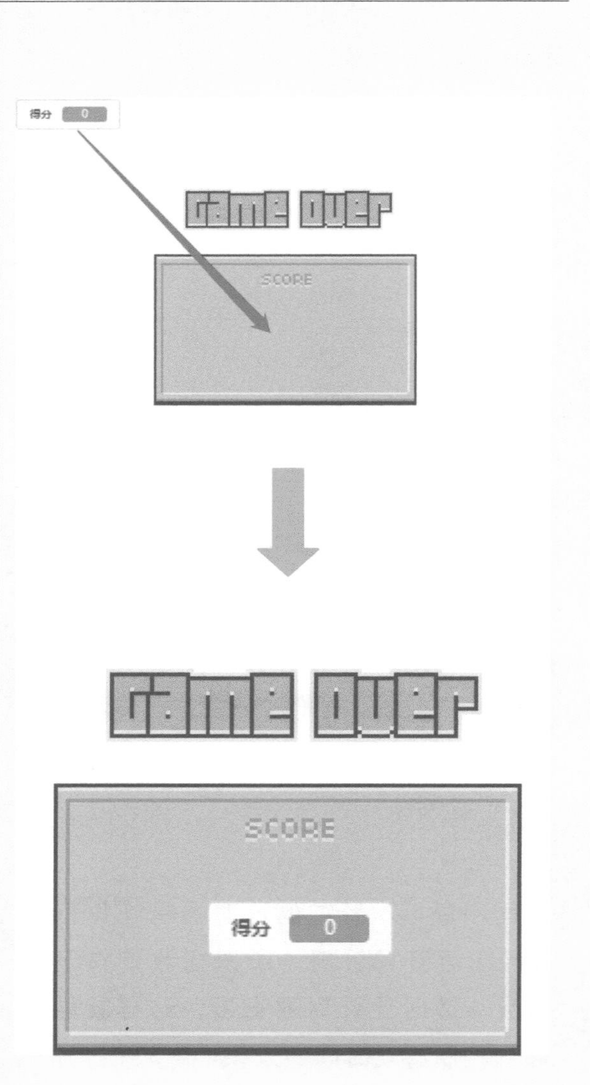
程序说明：绿旗单击时，隐藏得分板。设置好变量“得分”的初始值，并将舞台中的变量拖拽至分数板的中间，再隐藏变量“得分”。如果当计时器大于60（s）时，发送“结束”的广播，然后显示角色“得分”，并显示变量“得分”，停止判断，游戏结束	

五禽戏不仅仅只是我们游戏中的五个动作，本章中我们只是截取了其中的五个动作作为游戏设计的模板，感兴趣的同学可以上网查找更多关于五禽戏的资料和信息哦！

8.4.3 完整程序参考

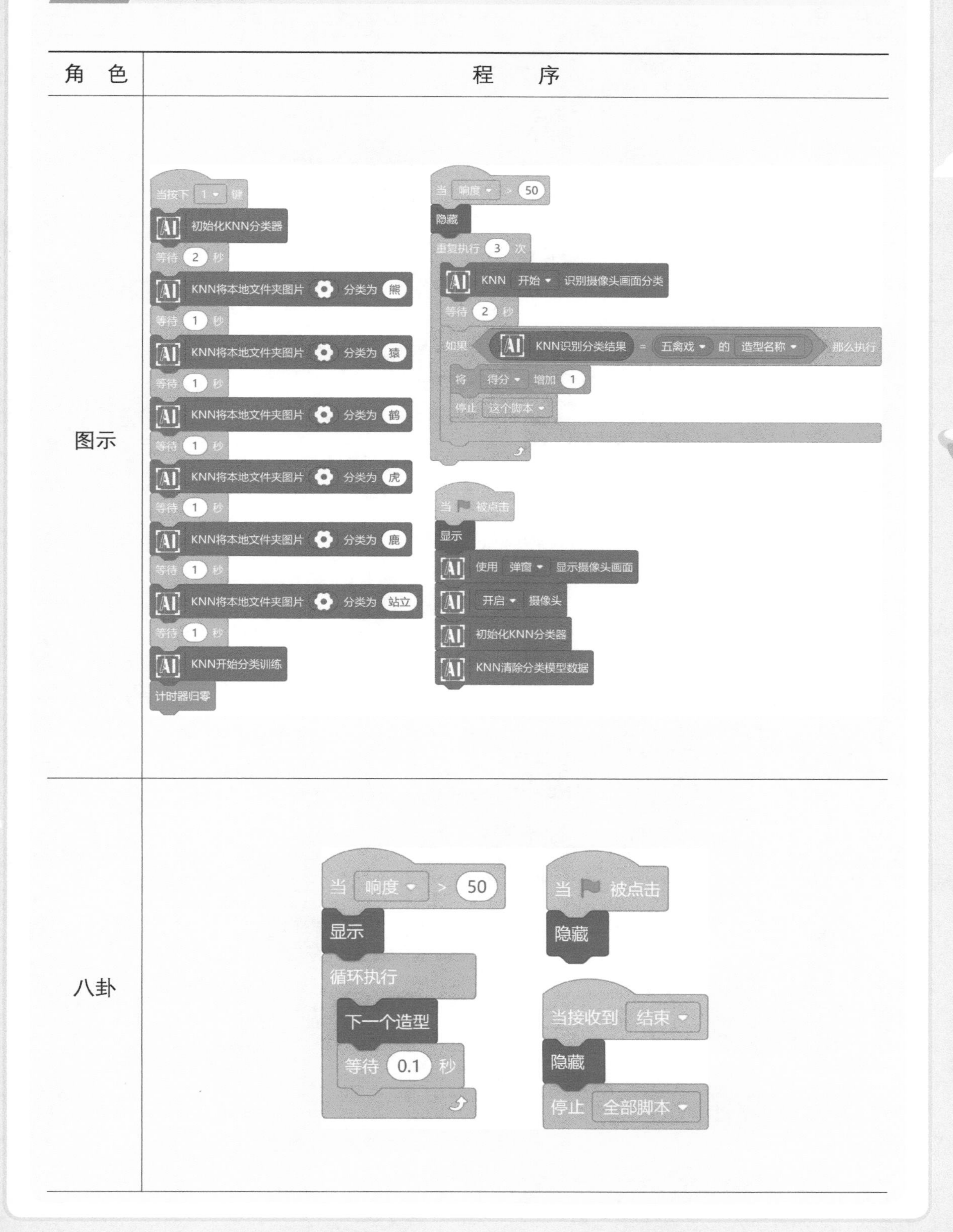

角　色
程　序
图示
当按下 1 键
初始化KNN分类器
等待 2 秒
KNN将本地文件夹图片 分类为 熊
等待 1 秒
KNN将本地文件夹图片 分类为 猿
等待 1 秒
KNN将本地文件夹图片 分类为 鹤
等待 1 秒
KNN将本地文件夹图片 分类为 虎
等待 1 秒
KNN将本地文件夹图片 分类为 鹿
等待 1 秒
KNN将本地文件夹图片 分类为 站立
等待 1 秒
KNN开始分类训练
计时器归零
当 响度 > 50
隐藏
重复执行 3 次
KNN 开始 识别摄像头画面分类
等待 2 秒
如果 KNN识别分类结果 = 五禽戏 的 造型名称 那么执行
将 得分 增加 1
停止 这个脚本
当 被点击
显示
使用 弹窗 显示摄像头画面
开启 摄像头
初始化KNN分类器
KNN清除分类模型数据
八卦
当 响度 > 50
显示
循环执行
下一个造型
等待 0.1 秒
当 被点击
隐藏
当接收到 结束
隐藏
停止 全部脚本

（续）

角　色	程　　序
背景	当接收到 结束 隐藏 当 响度 > 50 移到最 后面 显示 当 被点击 隐藏
五禽戏	当 响度 > 50 换成 在 1 和 5 之间取随机数 造型 将大小设为 10 显示 重复执行 20 次 　等待 0.1 秒 　将大小增加 4 等待 2 秒 隐藏 当 被点击 隐藏 当接收到 结束 隐藏
得分	当 被点击 隐藏 设置 得分 的值为 0 隐藏变量 得分 循环执行 　如果 计时器 > 60 那么执行 　　广播 结束 　　显示 　　显示变量 得分 　　停止 全部脚本

8.5 关于数据的故事

啤酒与尿布

在大数据时代，我们每个人的行为都会变成这个时代的一个数据。我们每次去超市购物，我们的购物清单也就成了一个数据。美国大型购物超市沃尔玛通过对大量购物清单数据的分析，发现了一个很有意思的现象：和尿布一起卖出去次数最多的商品，竟然是啤酒！这是为什么呢？他们发现隐藏在尿布与啤酒背后的秘密是美国人的行为模式：美国的太太们常叮嘱丈夫，下班后为孩子买尿布。而丈夫们在买尿布后，又随手带回了他们最喜爱的啤酒。由于尿布与啤酒一起买走的次数很多，所以沃尔玛超市将尿布和啤酒并排摆放在一起，结果实现了尿布与啤酒的销售量双双增长，这就是数据的力量。

小伙伴们，我们平时生活中会产生大量的数据。例如我们每天早餐吃的什么食物最多？那针对这一项数据，你可以分析出什么结果呢？和爸爸妈妈一起探讨吧！

第 9 章 物体识别——垃圾分类我能行

9.1 垃圾分类的困惑

“亲爱的小伙伴，你那里有开始实行垃圾分类吗？最近有伙伴和我说垃圾分类有点麻烦，有的会经常忘记要扔掉的垃圾是属于哪一类。那为了解决这个问题，我也从我的 AI 百宝箱中找到了一个方法来帮助小伙伴：我们只需要将垃圾对着摄像头，系统就会识别出垃圾的名字，然后我们告诉系统这属于哪一类垃圾，系统就会学习并记住。下次再将这类垃圾对着摄像头识别时，系统就会告诉你这是什么垃圾了。小伙伴们可以跟着我一起用 Mind+ 做一个这样的系统放在家里，这样以后垃圾分类就不用愁啦！”

确认本章目标：

1）使用百度 AI 的物体识别功能识别出摄像头前的垃圾的名字。

2）使用列表建立干垃圾、湿垃圾、可回收物、有害垃圾（可根据你当地的分类标准进行修改）的数据库，将识别的垃圾放入相应的列表中。

3）对于列表中已经记录过的垃圾，当再次识别的时候，会语音播报这是什么垃圾。

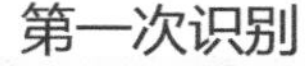
第一次识别

再次识别

9.2 科技面对面——物体识别技术

9.2.1 一起读一读

为什么摄像头能够识别出物体的名称呢？这个功能就是现如今非常热门的物体识别技术。“物体识别”是计算机视觉领域中的一项基础研究，它的任务是识别出图像中有什么物体。有了这项技术，机器的眼睛就能看见并认识我们的世界了。智能汽车不只是说“前方有障碍物，请减速停车”，而是“前方有小狗，请减速慢行”；智能手机在拍摄时，可以识别镜头前的人、物、景，并自动进入相应的拍摄模式；当遇见不认识的花时，拿出手机拍个照，智能手机就会告诉我关于这朵花的故事。

9.2.2 一起说一说

人工智能是想让机器达到甚至是超过人一样的认知水平。要实现这个目标，首先需要让机器认知我们的世界，这是一个比较复杂的事情，需要将人类复杂的经验输入到机器的大脑中。例如“当我们看见一个人拎着一桶水在路上很吃力地走”，我们要让机器理解这个信息，该怎么判断这里面的信息呢？如通过物体识别可以看到画面中有“水桶”和“人”，并判断水桶和人的相对位置，通过人体的姿态和表情可以判断人走路的状态等。由此让机器看到此现象的时候，可以像我们人一样反馈出相应的信息。

9.3 小麦的秘密武器

9.3.1 “AI 图像识别”模块

我们能够让摄像头识别出我们手中物体名字的关键要素，就是在 Mind+ 里添加“AI 图像识别”模块，“ AI 图像识别”中的功能能够通过调用百度的数据库来识别出物体的名字。为了让我们的这个设备更加智能，我们可以添加第 6 章中学到的“文字朗读”功能，让系统将识别结果用声音播报出来。

我们从 Mind+—扩展—网络服务里找到“AI 图像识别”和“文字朗读”功能，分别单击即可加载两个功能里面的所有程序指令啦。

注：使用网络服务里的功能时，需要计算机连接互联网。

9.3.2 程序指令说明

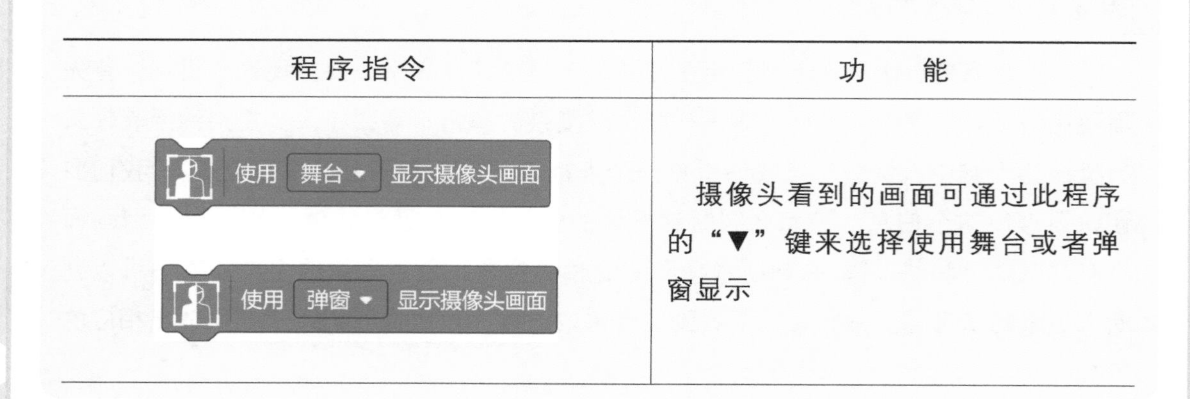

程序指令	功　　能
使用 舞台 ▾ 显示摄像头画面 使用 弹窗 ▾ 显示摄像头画面	摄像头看到的画面可通过此程序的“▼”键来选择使用舞台或者弹窗显示

（续）

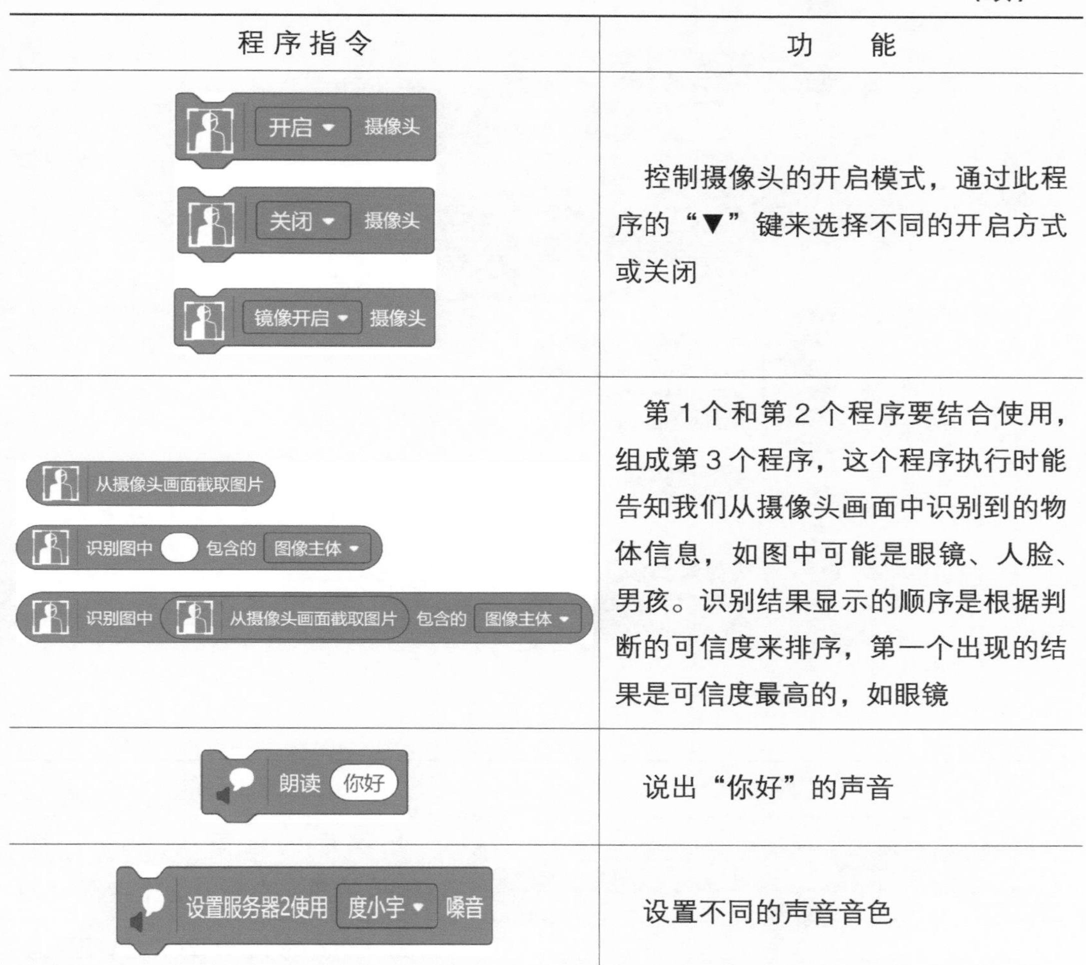

程序指令	功　　能
开启 ▾ 摄像头 关闭 ▾ 摄像头 镜像开启 ▾ 摄像头	控制摄像头的开启模式，通过此程序的“▼”键来选择不同的开启方式或关闭
从摄像头画面截取图片 识别图中 ( ) 包含的 图像主体 ▾ 识别图中 从摄像头画面截取图片 包含的 图像主体 ▾	第1个和第2个程序要结合使用，组成第3个程序，这个程序执行时能告知我们从摄像头画面中识别到的物体信息，如图中可能是眼镜、人脸、男孩。识别结果显示的顺序是根据判断的可信度来排序，第一个出现的结果是可信度最高的，如眼镜
朗读 你好	说出“你好”的声音
设置服务器2使用 度小宇 ▾ 嗓音	设置不同的声音音色

如何从此程序 识别图中 从摄像头画面截取图片 包含的 图像主体 ▾ 识别的多种结果中，选取排在最前面的识别结果呢？如我要从识别出来的结果中提取关键字“眼镜”。

这里我们需要借助运算符里的程序，帮我们把识别结果的这一段字符做筛选。

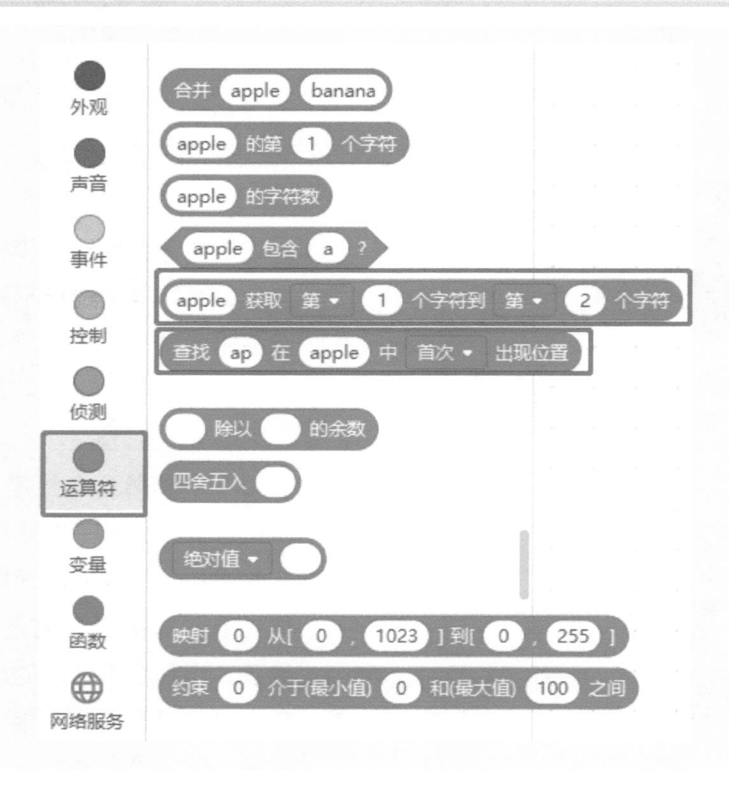

程序指令	功能
apple 获取 第 1 个字符到 第 2 个字符	此程序的结果为“ap”，即 apple 的第 1 个到第 2 个字符
查找 ap 在 apple 中 首次 出现位置	此程序的结果为“1”，因为“ap”在 apple 5 个字符中最先出现的字符的位置是 1

虽然识别的第 1 个结果可能是 2 个字符也可能是 3 个字符，但通过这两个程序，其实我们可以对物体识别的结果中提取关键字“眼镜”做出分析。

1）所有识别出来的第 1 个物体名称，都是从第 6 个字符开始的（“图中可能是”为前 5 个字符）。

2）所有识别出来的第 1 个物体名称的最后一个字符，都是在第 1 个顿号“、”前面。

所以我们需要从识别的结果中获取从第 6 个字符开始，到第 1 个顿号出现的字符位置减 1 结束，来得到我们所要的结果。程序示例如下：

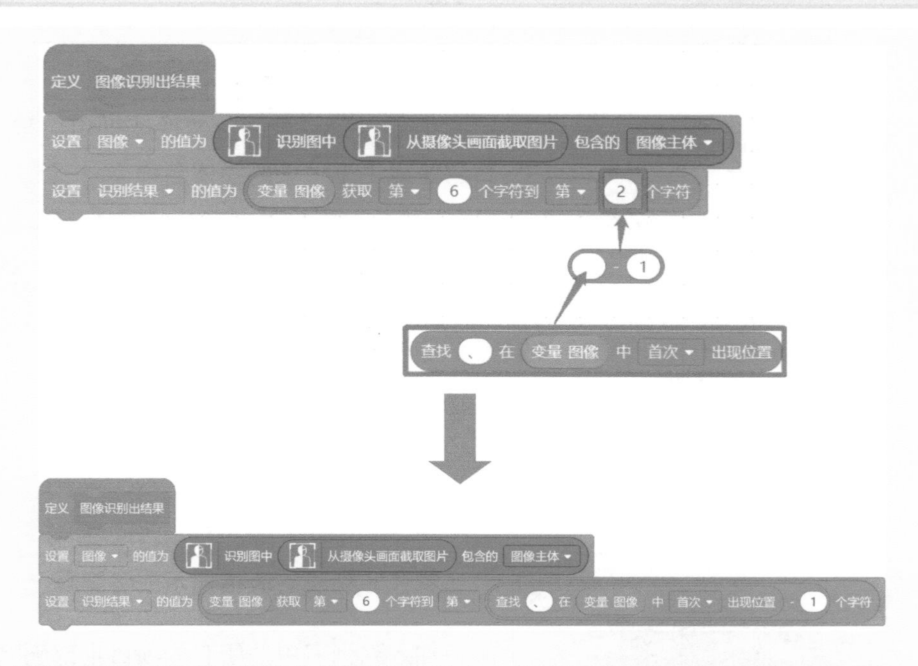

这样的话我们就可以从物体识别的结果中，提取可信度最高的那一个关键词。

9.3.3 列表与函数

1. 列表

列表是以表格的形式来存储文字或者数据，就像是一个有很多层的抽屉，每一层都可以存放东西。接下来我们可以在 Mind+ 里面添加一个列表：变量—新建列表—新的列表名。我们将列表名命名为“干垃圾”，然后在列表中添加不同干垃圾的名称。

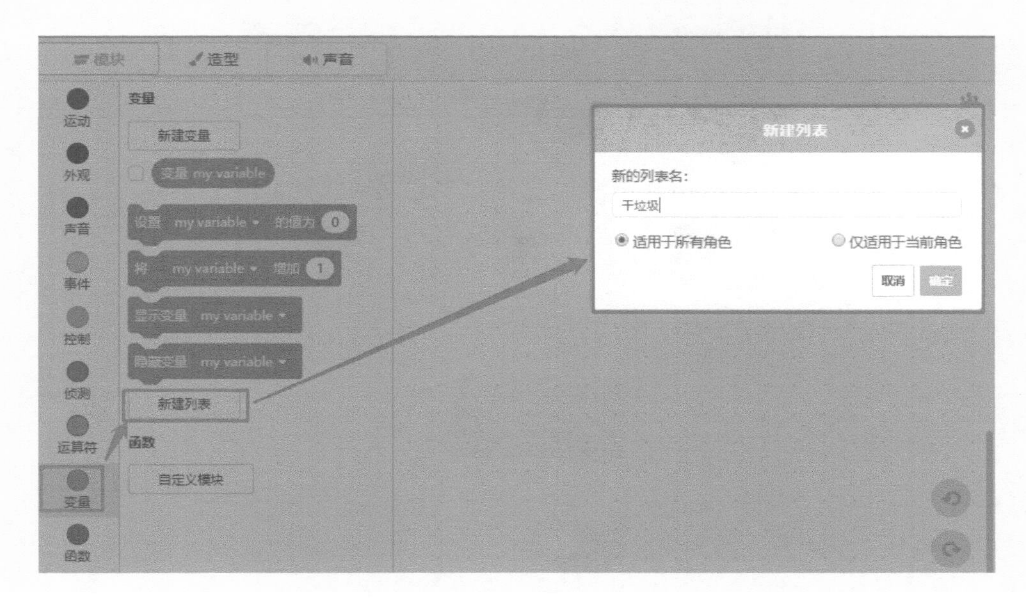

程序指令	功能
将 东西 加入 干垃圾 ▾	我们可以将“东西”替换成纸巾、塑料袋、口罩等属于干垃圾的物体名称
干垃圾 ▾ 包含 纸巾 ?	判断列表“干垃圾”中是否包含“纸巾”
显示列表 干垃圾 ▾ 隐藏列表 干垃圾 ▾	干垃圾 1 纸巾 长度1 让舞台区列表的表格显示或者隐藏
删除 干垃圾 ▾ 的全部项目	将加入到列表中的所有的项目全部删除

2. 函数

函数的功能我们在第 6 章中就已经用到过了，其可以让程序显得更加简洁，更容易让别人看懂和理解我们所写的程序。本章将进一步用到函数中变量的用法，如在函数中添加局部变量。添加方法：函数—自定义函数模块—添加输入项数字或文本。然后将函数的名字修改为“说”，将添加的文本改成“文字”，就会生成下面的两个程序积木。

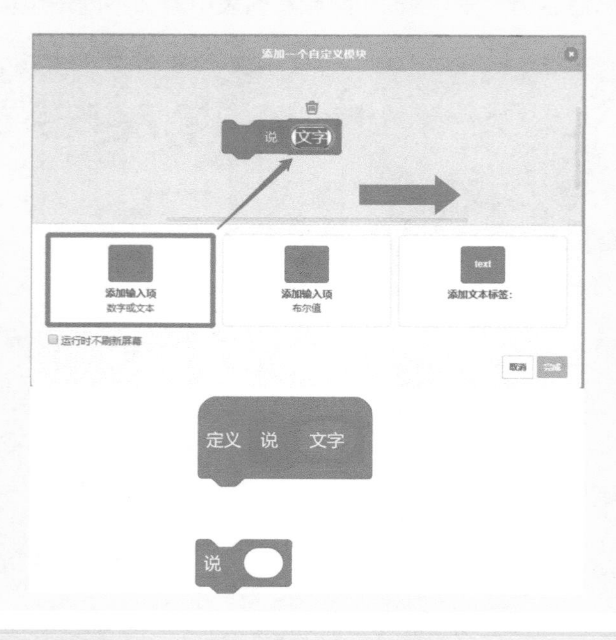

使用函数中的变量可以分为三步（以让小麦在舞台和实际发出声音来说话为例）：

程序指令	功　　能
定义 说 文字 说 你好！ 朗读 你好	在函数的后面接“外观—说你好”积木和网络模块里的“文字朗读—朗读你好”积木。在执行这个函数的程序时，舞台上小麦会说“你好”，然后计算机会发出“你好”的声音
定义 说 文字 说 文字 朗读 文字	鼠标左键长按函数里添加的变量的“文字”，然后将其拖至下面的两个程序中
当 被点击 说 你好，小麦	将函数的变量加入到两个执行程序后，再运行函数模块中的这个程序，将我们要小麦说的内容，输入进白色框中。单击绿旗，这样就可以让小麦通过舞台和声音跟我们说话交流啦

9.4 目标实现——垃圾分类小助手

掌握了小麦的秘密武器后，接下来我们将要开始创作一个大项目啦，和小麦一起垃圾分类！这个项目会有点挑战性，你们准备好了吗？

9.4.1 素材准备

从“素材百宝箱”中添加本章的角色和背景，同前面方式上传素材即可。

角色	 

（续）

背景	

9.4.2 功能实现

1. 识别出可信度最高的物体名称

通过摄像头和小麦进行互动，按下空格键时，小麦会给我们提示，然后开始识别物体信息，再从识别的结果中找到可信度最高的物体名称。

步　　骤	程序及效果
1）设置好小麦在屏幕中的位置和说话的嗓音，开启舞台摄像头。通过前面讲到的函数功能，在按下空格键后，给小麦设置一个语音提示	当 被点击 移到 x: -187 y: -101 设置服务器2使用 度小宇 嗓音 使用 舞台 显示摄像头画面 开启 摄像头 循环执行 等待直到 按下 空格 键? 说 请把要扔的垃圾对准摄像头，开始识别 定义 说 文字内容 说 文字内容 朗读 文字内容 请把要扔的垃圾对准摄像头开始识别

（续）

步　　骤	程序及效果
2）新建变量“图像”，将摄像头识别的结果存储在这个变量中。再新建一个名为“识别结果”的变量，用我们前面所说提取关键词的方法，将我们所提取的关键词存储到变量“识别结果”中。然后将这两个程序放入新建函数“图像识别出结果”中，最后将函数放入循环内。单击绿旗运行后，可以在舞台区看到变量“图像”和“识别结果”	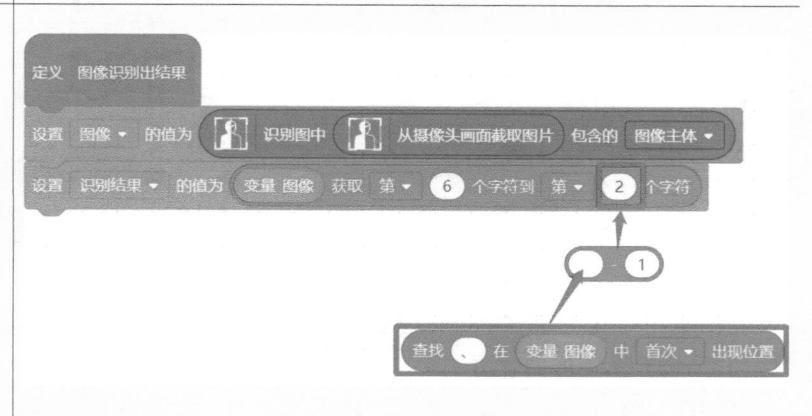 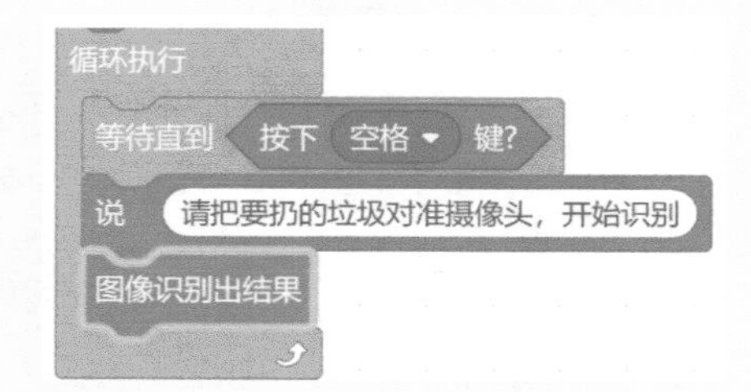 

2. 判断识别的物体是什么垃圾

我们先建立好 4 种垃圾类型的列表，然后向每个列表里添加相对应的垃圾名称。再将摄像头识别的结果和 4 个列表做比较，看识别的结果在哪个列表中。

步　　骤	程序及效果
1）在变量中新建 4 个列表，分别命名为 4 种垃圾的类型。在舞台区可以看见 4 个建好的列表，在每个列表的左下方有一个“+”，单击“+”可在列表中添加项目。我们在 4 个列表中各添加 1 个对应的垃圾名称	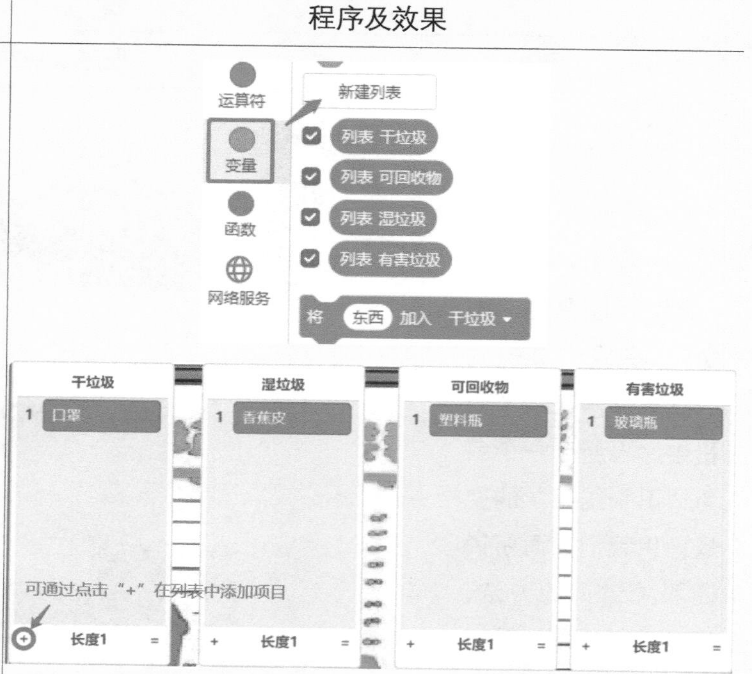
2）通过条件判断，看识别的物体在哪个列表中，如果是在“干垃圾”列表中，就说“识别结果（口罩）”是干垃圾。然后单击条件判断程序左下角的“+”，进行下一个列表的条件判断。之后将整个条件判断的程序放在一个新建函数“垃圾判断”中，以方便我们调用和优化程序结构。最后将列表前面的 4 个“√”去掉，隐藏列表 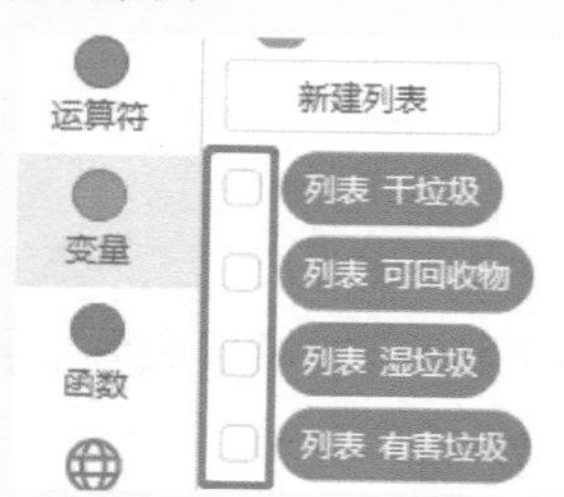	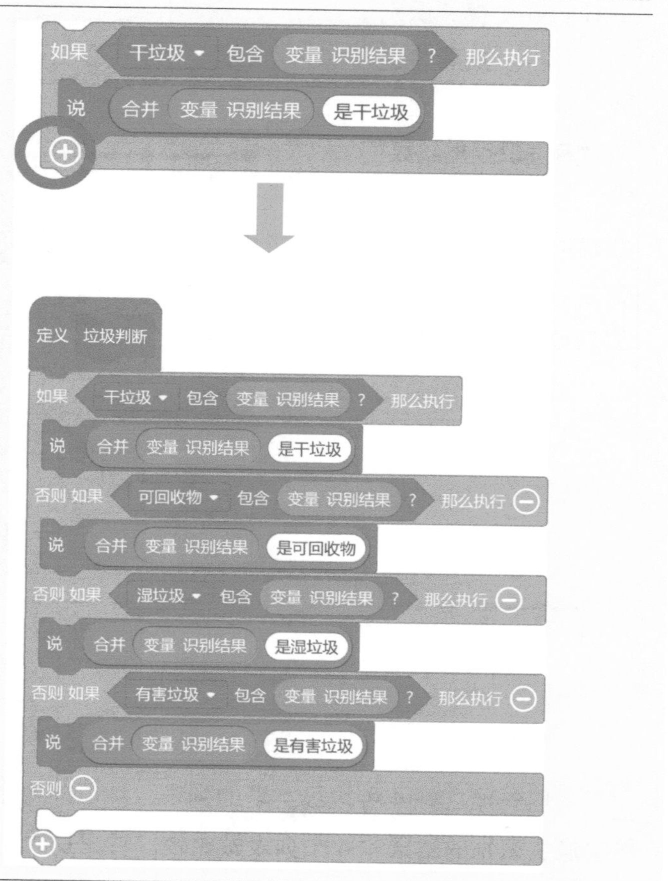

（续）

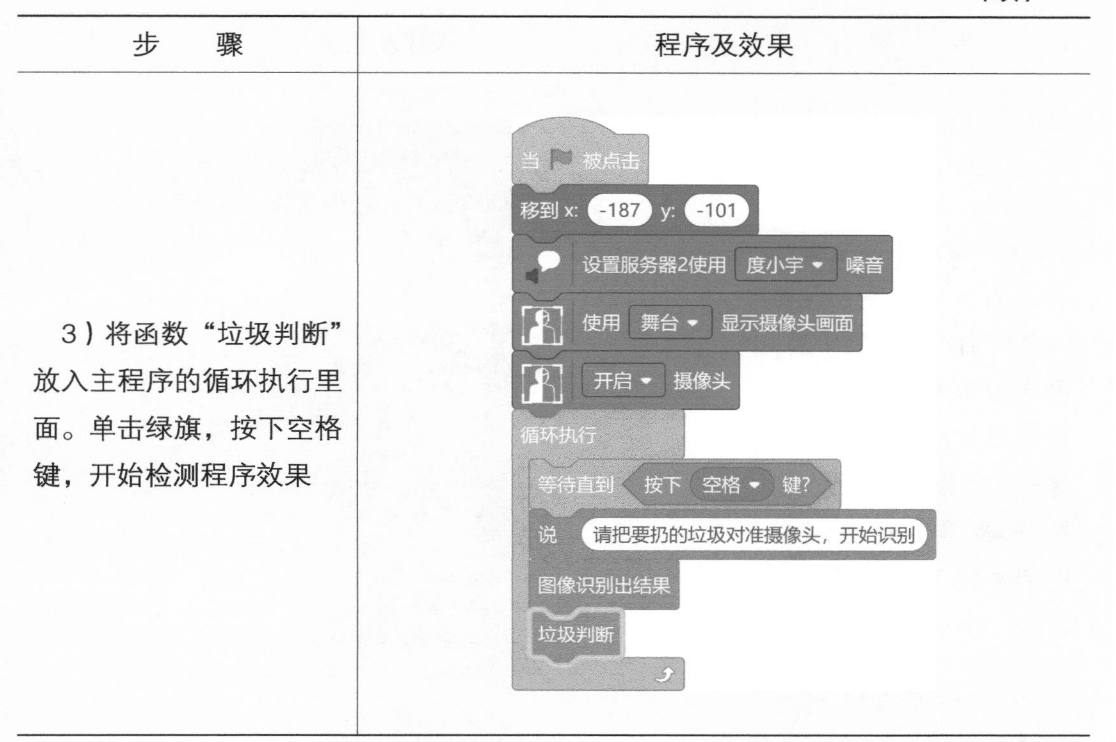

步　　骤	程序及效果
3）将函数“垃圾判断”放入主程序的循环执行里面。单击绿旗，按下空格键，开始检测程序效果	

3. 遇到列表中没有的垃圾或识别不清楚的垃圾处理方式

遇到这样的问题时，系统需要询问我们的建议，再对垃圾进行分类或者是重新识别。我们可以用数字 1、2、3、4 键把不在列表中的垃圾分类到 4 个不同的列表中，数字 5 键可以再重新识别一次。在垃圾识别不出来时触发这个询问的功能。

步　　骤	程序及效果
1）为处理问题的功能新建一个函数“询问”，在遇到问题时，先给出语音反馈，提示你按下不同的数字键是什么效果，然后等待你按下相应的按键	定义 询问 说 这个我不清楚呢！ 说 合并 变量 识别结果 是什么垃圾？1干垃圾，2湿垃圾，3有害垃圾，4可回收物，5重新识别 等待 1 秒 等待直到 按下 任意 键?

（续）

步　骤	程序及效果
2）设置好不同按键所对应的功能效果，当物体名称加入到列表中后，再次识别时，系统就会知道识别的物体是属于哪一个列表中的垃圾了。按下数字5键时，会提醒你按下空格键再次识别。将这段程序接在  等待直到 按下 任意 键? 后面	如果 按下 1 键? 那么执行 将 变量 识别结果 加入 干垃圾 说 合并 合并 原来 变量 识别结果 是干垃圾啊！ ↓ 如果 按下 1 键? 那么执行 将 变量 识别结果 加入 干垃圾 说 合并 合并 原来 变量 识别结果 是干垃圾啊！ 如果 按下 2 键? 那么执行 将 变量 识别结果 加入 湿垃圾 说 合并 合并 原来 变量 识别结果 是湿垃圾啊！ 如果 按下 3 键? 那么执行 将 变量 识别结果 加入 有害垃圾 说 合并 合并 原来 变量 识别结果 是有害垃圾啊！ 如果 按下 4 键? 那么执行 将 变量 识别结果 加入 可回收物 说 合并 合并 原来 变量 识别结果 是可回收物啊！ 如果 按下 5 键? 那么执行 说 按下空格键，再试一次吧！
3）将1）和2）中编写好的函数“询问”的程序，放入函数“垃圾判断”的最后一个“否则”中，在识别的结果都不在列表中时则触发函数“询问”的程序	 定义 垃圾判断 如果 干垃圾 包含 变量 识别结果 ? 那么执行 说 合并 变量 识别结果 是干垃圾 否则 如果 可回收物 包含 变量 识别结果 ? 那么执行 说 合并 变量 识别结果 是可回收物 否则 如果 湿垃圾 包含 变量 识别结果 ? 那么执行 说 合并 变量 识别结果 是湿垃圾 否则 如果 有害垃圾 包含 变量 识别结果 ? 那么执行 说 合并 变量 识别结果 是有害垃圾 否则 询问

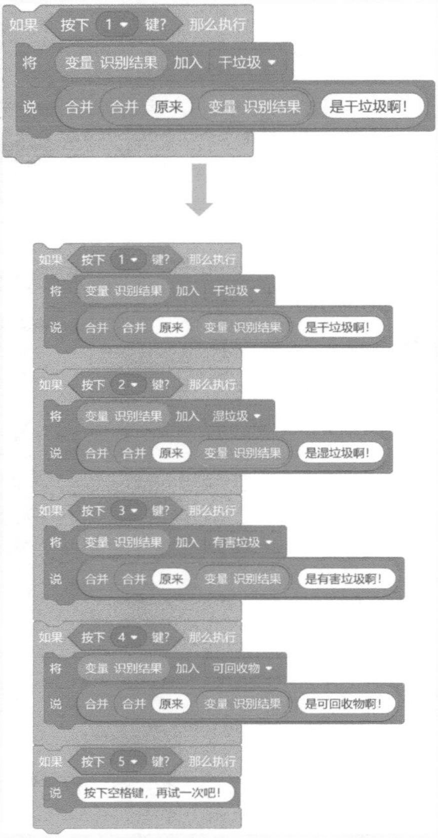

程序完成！赶快测试一下你的程序，看看有没有实现我们的目标吧！

9.4.3 完整程序参考

角色	程 序

小麦	当 ⚑ 被点击
	移到 x: -187 y: -101
	设置服务器2使用 度小宇 嗓音
	使用 舞台 显示摄像头画面
	开启 摄像头
	循环执行
	  等待直到 按下 空格 键?
	  说 请把要扔的垃圾对准摄像头，开始识别
	  图像识别出结果
	  垃圾判断
	
	定义 说 文字内容
	说 文字内容
	朗读 文字内容
	
	定义 图像识别出结果
	设置 图像 的值为 识别图中 从摄像头画面截取图片 包含的 图像主体
	设置 识别结果 的值为 变量 图像 获取 第 6 个字符到 第 查找 、 在 变量 图像 中 首次 出现位置 - 1 个字符
	
	定义 垃圾判断
	如果 干垃圾 包含 变量 识别结果 ? 那么执行
	  说 合并 变量 识别结果 是干垃圾
	否则 如果 可回收物 包含 变量 识别结果 ? 那么执行
	  说 合并 变量 识别结果 是可回收物
	否则 如果 湿垃圾 包含 变量 识别结果 ? 那么执行
	  说 合并 变量 识别结果 是湿垃圾
	否则 如果 有害垃圾 包含 变量 识别结果 ? 那么执行
	  说 合并 变量 识别结果 是有害垃圾
	否则
	  询问

（续）

角色	程　　序
小麦	定义 询问 说 这个我不清楚呢！ 说 合并 变量 识别结果 是什么垃圾？1干垃圾，2湿垃圾，3有害垃圾，4可回收物，5重新识别 等待 1 秒 等待直到 按下 任意 键？ 如果 按下 1 键？ 那么执行 将 变量 识别结果 加入 干垃圾 说 合并 合并 原来 变量 识别结果 是干垃圾啊！ 如果 按下 2 键？ 那么执行 将 变量 识别结果 加入 湿垃圾 说 合并 合并 原来 变量 识别结果 是湿垃圾啊！ 如果 按下 3 键？ 那么执行 将 变量 识别结果 加入 有害垃圾 说 合并 合并 原来 变量 识别结果 是有害垃圾啊！ 如果 按下 4 键？ 那么执行 将 变量 识别结果 加入 可回收物 说 合并 合并 原来 变量 识别结果 是可回收物啊！ 如果 按下 5 键？ 那么执行 说 按下空格键，再试一次吧！

在本章的项目中，我们使用函数、列表、变量和 AI 物体识别功能编写了一套可帮助我们进行垃圾分类的算法。函数结合函数内变量的运用让我们编写的程序非常方便易读，多个函数的运用让我们整个项目的功能结构更加清晰，AI 物体识别功能结合列表和变量让垃圾分类程序变得更加智能。灵活运用函数、列表和变量，让它们成为你编写程序时的常用小助手吧！

9.5 科普小故事

垃圾分类

垃圾分类在我国已推行了很长时间。但并不是所有人都能执行好垃圾分类。本章所做的项目只能够帮助人们分辨什么物体是什么类型的垃圾，这还不够，我们还需要告诉人们垃圾分类的好处。同学们，我们都知道一个说法——“垃圾是放错了地方的资源”，我国每年使用塑料快餐盒约 40 亿个，方便面碗 5 亿 ~7 亿个，一次性筷子数十亿双，这些占生活垃圾的 8%~15%。生活垃圾中有 30%~40% 可以回收利用，各种固体废弃物混合在一起是垃圾，分类回收就是资源。除此之外，垃圾分类还能保护我们的土地，生活垃圾中有些物质不易降解，会使土地受到严重侵蚀。而通过垃圾分类，去掉可以回收的、不易降解的物质，能减少垃圾数量达 60% 以上。所以我们在进行垃圾分类的同时也需要了解垃圾分类的好处。

同学们，如果我们知道家里每个月扔掉的不同种类垃圾的数量，你能从中分析出垃圾分类对我们生活健康水平的影响吗?

第 10 章 人脸对比——更像爸还是更像妈

10.1 更像爸还是更像妈

“小麦最近去好朋友小佳家里玩耍的时候，遇见了小佳的爸爸妈妈，叔叔阿姨非常热情地招待了小麦。小麦见到叔叔阿姨时，发现小佳长得既像爸爸，又像妈妈。这时小佳爸爸问了小麦一个问题：‘小麦同学，你觉得小佳长得更像我还是妈妈呢？’这一下子把小麦给问住了。小麦顿了一下，打开了他的 AI 摄像头，先对叔叔阿姨进行了拍照，然后用摄像头对着小佳同学。没过多久，小麦就给出了答案——小佳的脸更像爸爸。这究竟是怎么回事呢，我们一起来探索吧！”

确认本章目标：设计出一个能够检测出我更像爸爸还是妈妈的程序。

设置百度 AI 账号—在 Mind+ 中创建人脸库—利用摄像头采集 10 张爸爸和妈妈的照片，分别命名，并添加到人脸库——测试自己的脸像爸爸还是妈妈。

10.2 科技面对面——人脸对比

10.2.1 一起读一读

人脸对比是人脸识别技术中的一部分。对被检测到的人脸在人脸库中进行目标搜索，从而进行身份确认。将检测到的人脸特征与人脸库中的人脸数据依次进行对比，并找出最佳的匹配对象。在 Mind+ 中可以通过人脸对比返回“对比结果”和“结果的可信度”两个数据。这样我们就能借助这两个数据进行项目的创作啦！

10.2.2 一起说一说

爸爸妈妈通常会说自己的孩子长得像爸爸还是妈妈，这其实就是我们主观性的人脸对比，而人脸对比技术是将我们主观的评价进行客观的量化。你能试着找找你的脸有哪些地方是像爸爸的，哪些地方是像妈妈的，并用客观的语言进行描述吗？如“为什么说我的眼睛像妈妈？因为我和妈妈的眼睛都是大眼睛、黑眼珠、眼纹都是一样的……”你还能找到哪些呢？

10.3 小麦的秘密武器

10.3.1 “AI 图像识别”模块

AI 图像识别是基于百度 AI 的数据库，能够实现人脸识别、人脸对比、常用物体识别、文字识别、车牌识别、手势识别、人体关键点识别等丰富的功能，我们需要提前设置好百度 AI 的独立账户，输入 API Key 和 Secret Key。

我们从 Mind+—扩展—网络服务里找到“AI 图像识别”模块。

注：使用此功能需要联网。

10.3.2 程序指令说明

程序指令	功能
切换至独立账户 ⚙ / API Key / Secret Key	AI 图像识别功能调用的是百度 AI 服务，所以需要输入百度 AI 账号的信息
使用 舞台 ▾ 显示摄像头画面 使用 弹窗 ▾ 显示摄像头画面	摄像头看到的画面可通过此程序的“▼”键来选择使用舞台或者弹窗显示
开启 ▾ 摄像头 关闭 ▾ 摄像头 镜像开启 ▾ 摄像头	控制摄像头的开启模式，通过此程序的“▼”键来选择不同的开启方式或关闭

（续）

程序指令	功　能
从摄像头画面截取图片 识别图中（ ）的人脸信息 识别图中（从摄像头画面截取图片）的人脸信息	第1个和第2个程序结合使用，组成第3个程序的数据，这个程序执行时能告知我们从摄像头画面中获取的人脸信息
创建人脸库（FaceGroup1）	创建一个人脸库，将要学习的人脸存储在这个人脸库中
命名识别结果为（name）并添加至人脸库（FaceGroup1）	将识别的人脸命名为“name”，存储在建好的人脸库“FaceGroup1”中
在人脸库（FaceGroup1）中搜索识别结果可信度>=（90）	将摄像头识别的人脸结果，在人脸库“FaceGroup1”中搜索可信度≥90的人脸名称
当搜索到名字（name）时	在搜索完人脸后，当≥可信度的人脸名称是“name”时，执行后面的程序

10.4 功能实现秘籍

10.4.1 注册百度AI账号，获取API Key和Secret Key

独立账户的API Key和Secret Key设置好后，能够建立起Mind+和百度AI功能的连接，自动调用百度AI的数据库，并在百度AI存储数据，这样我们就能够轻而易举地在Mind+上体验到强大的AI功能啦。

步　　骤	图　　示
1）登录百度AI开放平台（http://ai.baidu.com），单击界面右上角控制台	
2）如已有百度账号，登录即可。如没有百度账号，单击立即注册（需要手机号码），注册成功后再登录	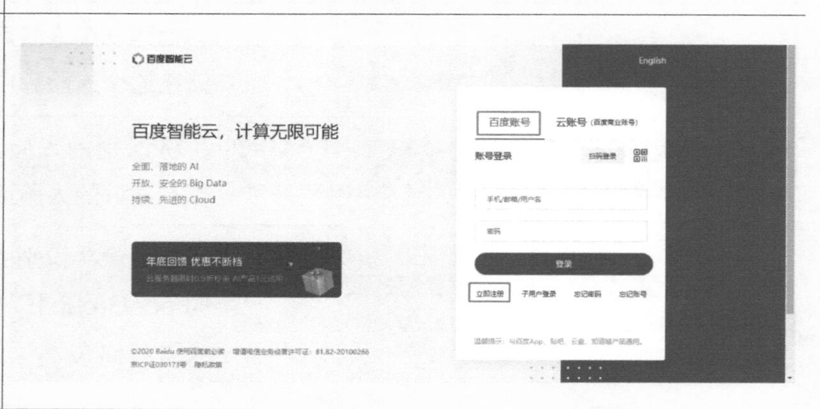
3）登录后在左侧菜单栏单击“人脸识别”	
4）在“人脸识别”功能中单击创建应用	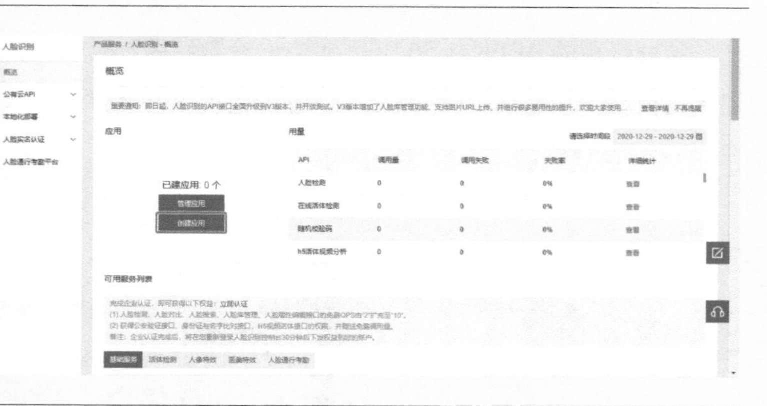

（续）

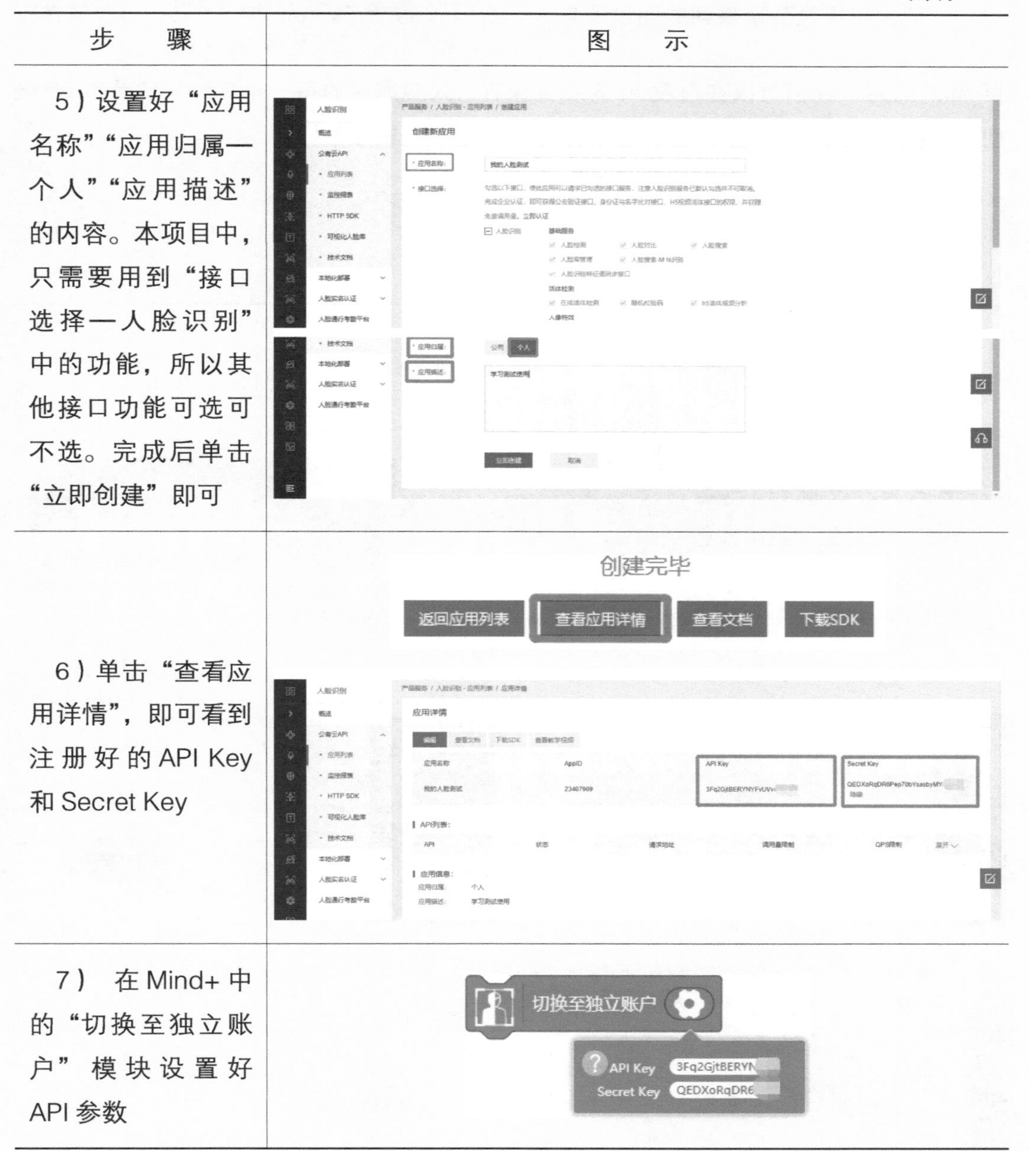

步　骤	图　示
5）设置好“应用名称”“应用归属—个人”“应用描述”的内容。本项目中，只需要用到“接口选择—人脸识别”中的功能，所以其他接口功能可选可不选。完成后单击“立即创建”即可	
6）单击“查看应用详情”，即可看到注册好的 API Key 和 Secret Key	
7） 在 Mind+ 中的“切换至独立账户”模块设置好 API 参数	

10.4.2 建立人脸库，获取人脸素材

通过 Mind+ 的程序模块 创建人脸库 FaceGroup1 ，可以在百度 AI 的账号后台建立一个名为“FaceGroup1”的人脸库。

然后使用摄像头采集到的图像信息 

会存储在百度 AI 的后台，我们可以在百度 AI 的后台查看。人脸库中的每一个名称只能录入 20 张图片素材，如果录入满后，需要在百度 AI 的后台进行删除数据。

1. 建立人脸库

选择使用舞台显示摄像头画面，开启摄像头，设置独立账户，创建人脸库“FaceGroup1”

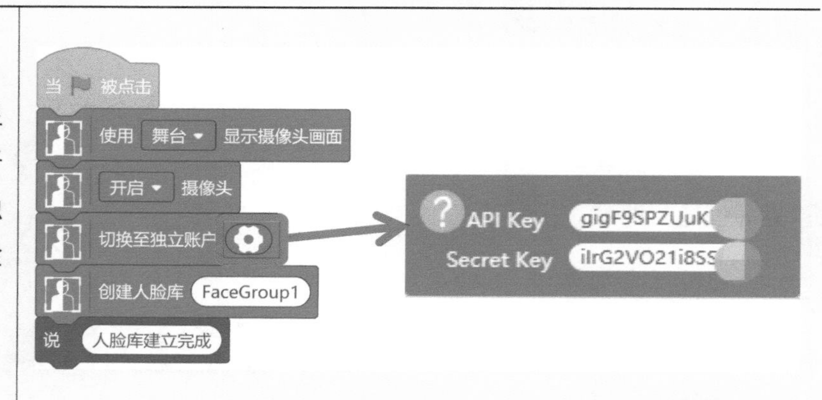

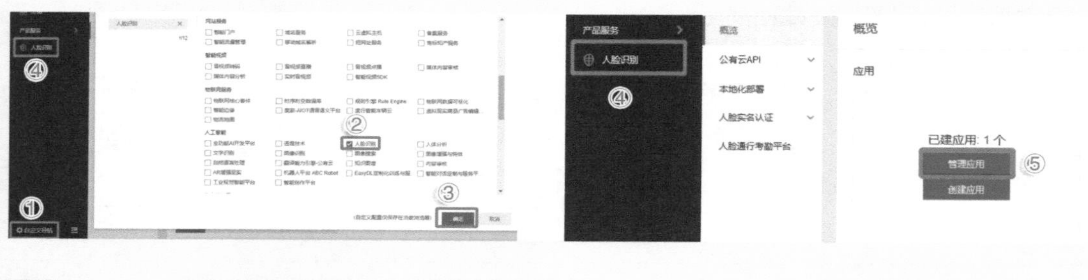

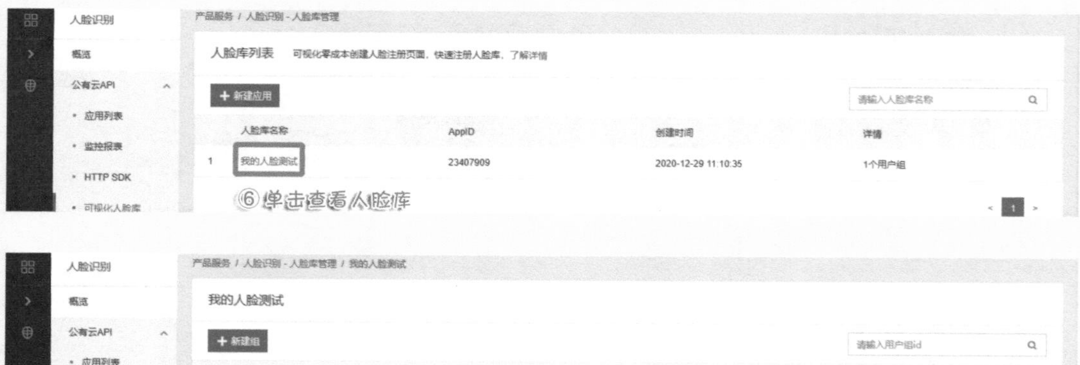

2. 获取人脸素材

按下“1”键时，摄像头会连续采集10张人脸素材，并命名为dad（不能输入中文），然后加入到人脸库“FaceGroup1”中，一个名称（如dad）的人脸素材不能超过20张

如果上传的图片数据已满（达到 20 张）或不满意（如个别照片未拍清人脸）的话，可以在百度 AI 后台删除相应的图片数据。

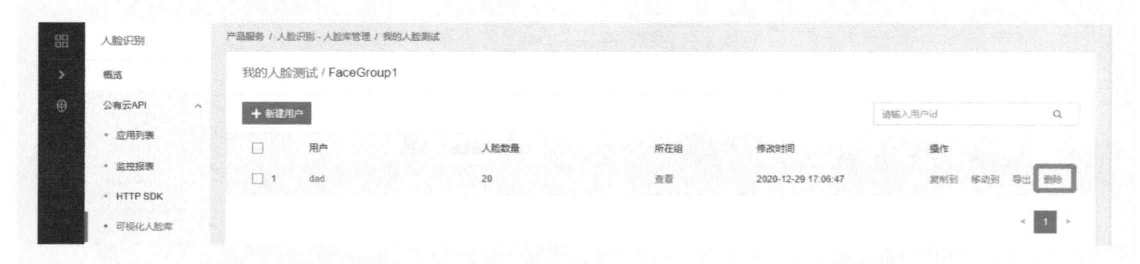

删除后，我们可以在 Mind+ 上重新学习人脸。

掌握了建立数据库和获取人脸素材的方法后，我们可以试着将下面的两张人脸分别命名为“dad”和“mom”，并各采集 10 张图片存储到人脸库“FaceGroup1”，可在百度 AI 后台查看相应的素材。

dad　　mom

如果爸爸妈妈在身边的话，可以直接采集爸爸妈妈的人脸素材哦！

10.5 目标实现——测试“更像爸还是更像妈”

在采集完爸爸妈妈（或者是书中的“dad”和“mom”）的数据后，我们接下来要使用所采集的数据啦！要进行人脸相似度测试，需要先理解关于相似度程序的用法，以及反馈数据 

中“结果名字”和“结果可信度”的意义。最后再开始我们的测试 在人脸库 FaceGroup1 中搜索识别结果可信度>= 90 环节。

10.5.1 功能实现

1. 检测是否为本人

在采集“dad”和“mom”的数据后，设置搜索可信度≥80。对“dad”的图片执行此程序，可以看到识别结果为“dad”，“结果可信度”约为99。一般结果可信度≥80，就可以认为是同一个人了（案例中用到的是卡通人物，“认为是同一个人”的条件只对真人有效）

注：程序 在人脸库 FaceGroup1 中搜索识别结果可信度>= 80 中“识别结果可信度≥”后的数字可设置为0～99内任意的数字，系统将默认选择大于所设置数字的最高的可信度结果。如设置参数为80时，结果可信度可能是80～100之间的数字，当结果中没有符合≥80的数据时，结果可信度显示为0，结果名字将不显示。

AI图像识别: 搜索结果名字

AI图像识别: 搜索结果可信度 0

练一练

我们使用摄像头采集10张自己的照片素材，将其命名为“Me”，然后找一找自己以前的照片，看看不同成长时期的自己和现在的自己“相似度”有多大的变化吧！

2. 测试像爸爸还是妈妈

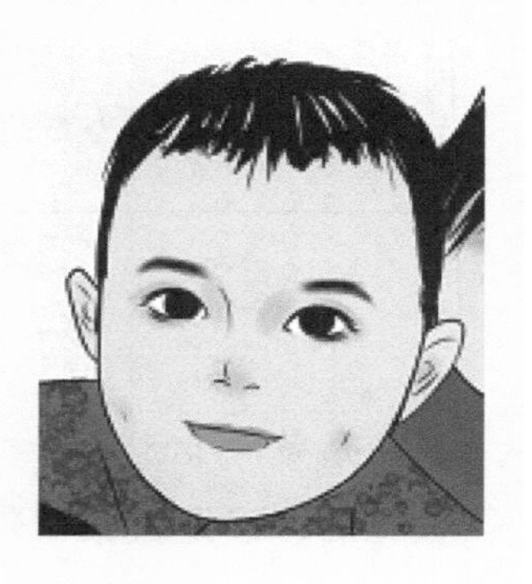

我们以前面上传的两张卡通人脸（“dad”和“mom”）为例，测试一下这个孩子的卡通人脸更像“dad”还是“mom”。

如果前面上传的人脸素材是自己的爸爸妈妈真实的人脸，那现在我们要测试的对象就是我们自己了哦。测试自己的话，需要先在百度 AI 的后台将“Me”的数据删除，因为在我们和爸爸妈妈进行真人人脸对比相似度时，人脸库里不能有卡通人脸的数据，否则测出来的相似度将会是错误结果。

下面我们就以卡通素材为例，一起来测试一下图中的小朋友更像“dad”还是“mom”吧！

步　　骤	程　　序
1）设置计算机摄像头的开启模式，设置独立账户，创建人脸库“FaceGroup1”，完成后提示“人脸库建立完成”。 注：独立账户的设置可参考 10.4 节中的内容哦	当 ⚑ 被点击 使用 舞台 ▾ 显示摄像头画面 开启 ▾ 摄像头 切换至独立账户 ⚙ 创建人脸库 FaceGroup1 说 人脸库建立完成
2）按下数字 1 键，等待 1s 后说“正在采集爸爸的人脸数据”，然后采集 10 次“dad”的人脸数据。完成后提示“爸爸的人脸数据采集完毕”	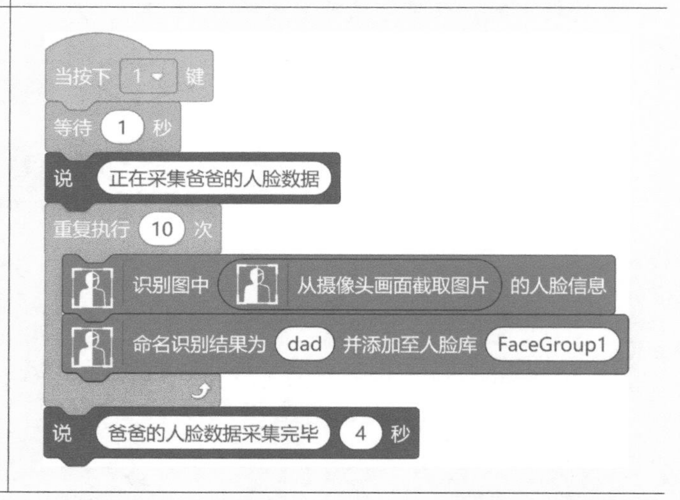

（续）

<table>
<tr><th>步　骤</th><th>程　序</th></tr>
<tr><td>同样的方法，当按下数字2键时，采集“mom”的数据。两个数据都采集完成后，我们可以在百度AI的后台中看到人脸数据采集的结果</td><td>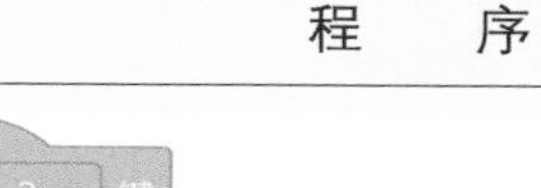

</td></tr>
<tr><td>3）设置“搜索识别结果可信度”的值为0（系统将会默认给出最大可信度的结果），然后将小朋友的图片  对准摄像头，按下空格键，舞台左上方将出现结果名字和结果可信度
如果没有出现，需要在程序栏中的这两个程序前面画√

</td><td>

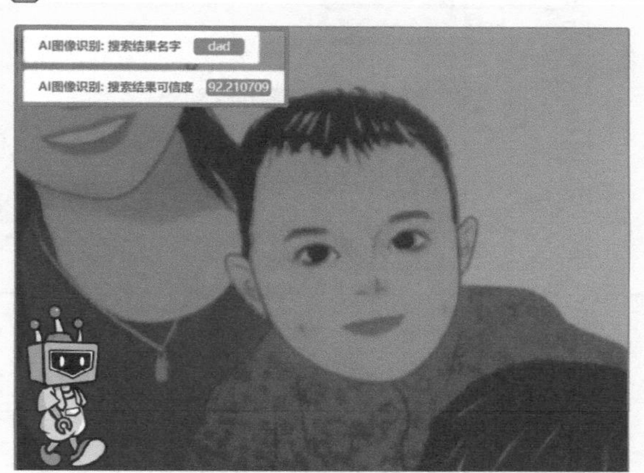
</td></tr>
<tr><td>4）对测试的结果做出反馈。在步骤3）操作之后，系统将会给出“结果名字”，我们通过“当搜索到名字”的指令作为触发条件，给出效果反馈。如我们测出来的结果是“dad”，所以当搜索到名字“dad”时的反馈是“你像爸爸多一点”</td><td>

</td></tr>
</table>

注：本章所讲的“更像爸爸还是妈妈”的功能仅供趣味娱乐，没有科学依据，不能作为判断亲子关系的参考哦。

10.5.2 完整程序参考

角色	程　　序
小麦	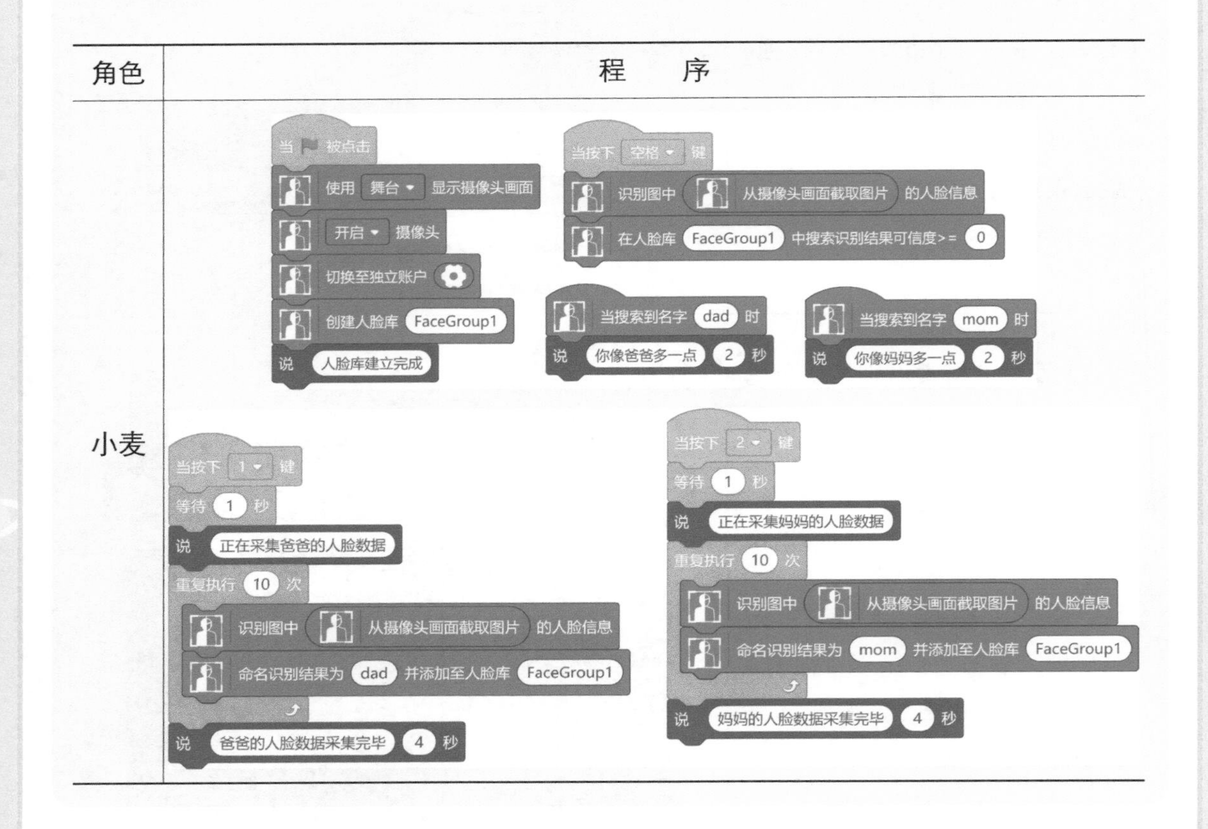

人脸对比是人脸识别技术中的一部分，本章用到的人脸对比是使用“1 对多”的方式，将一张人脸照片与人脸库中的多张人脸逐一进行比对。

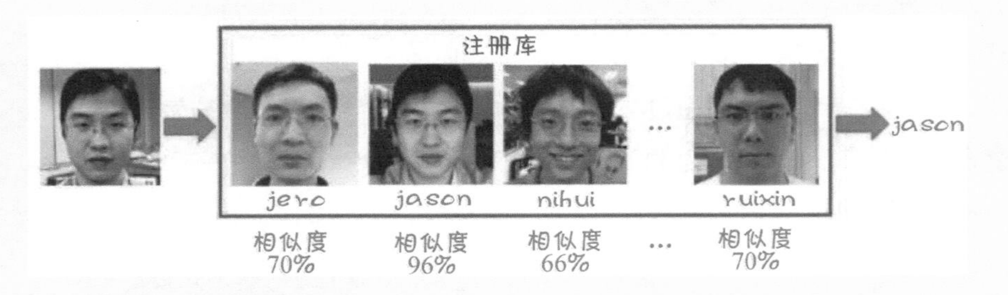

可以从网上找到一些明星的人脸照片，将更多的人脸素材上传到人脸库中，这样就可以测测你最像哪个明星了。

10.6 人工智能小故事

为什么你更像爸爸或者妈妈

每个人诞生的时候，体内都会有来自爸爸和妈妈的遗传物质，这种遗传物质叫基因。基因可以决定我们的眼睛、鼻子、嘴巴等各种器官的发育状态。有人会说你的嘴巴长得很像妈妈，眼睛长得像爸爸，这是我们通过所看到的外观差异去总结出来的。而 AI 人脸相似度对比，其实也是基于我们人类的经验再结合强大的算法，对比人脸上的各种细节，然后通过对细节数据的差异分析，给我们反馈了一个“可信度”的数据。所以我们才能够在屏幕中看到两张图片的“相似度”情况。

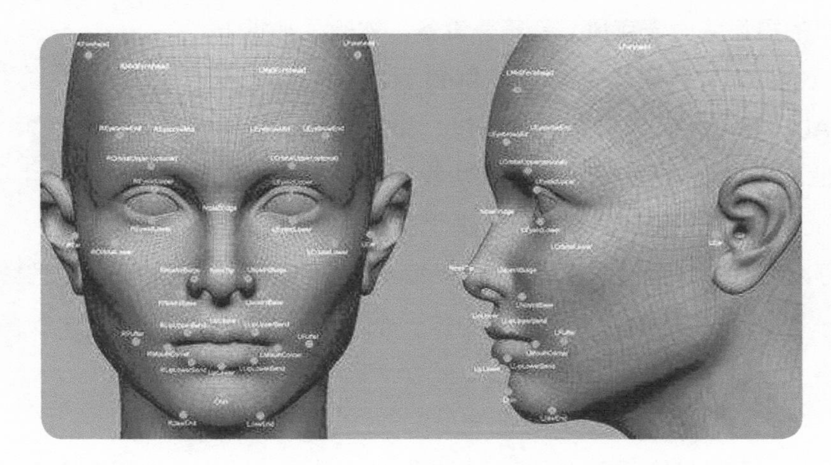

注：同学们在完成上述项目时，有任何技术或操作上的问题，可以在链接（https://mindplus.dfrobot.com.cn/aibook111）中找到解决问题的办法哦！

第 11 章 AI 硬件“智造”——小麦 AI 机器人

11.1 解锁百宝箱“新模式”

“亲爱的小伙伴们，小麦的地球之旅，不知不觉已经过了很长一段时间啦！这段时间大家一起学习使用 Mind+，并借助计算机的摄像头、麦克风、音箱等设备，体验了视觉识别、语音识别、文字朗读等 AI 应用，解锁了 Mind+ 百宝箱里丰富的 AI 功能。小伙伴们有没有想过，如果脱离了计算机，是不是也能实现这些超有趣的 AI 功能呢？或者说，能不能把 Mind+ 舞台里的小麦，真正带进现实生活中呢？答案当然是可以啦！就让我们在最后，揭开 Mind+ 百宝箱另一个区域——‘上传模式’的神秘面纱，制作一个小麦 AI 机器人吧！”

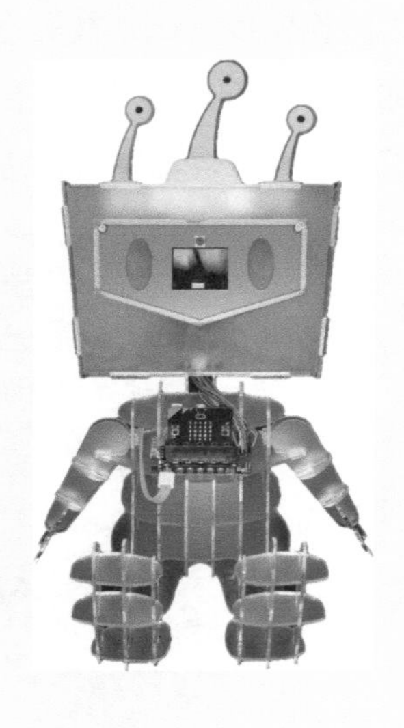

上传模式：可以将编写好的程序“烧录”到硬件中，Mind+ 支持非常丰富的电子硬件种类，可实现离线运行。这样就算是脱离了计算机，程序依然可以在硬件上运行。

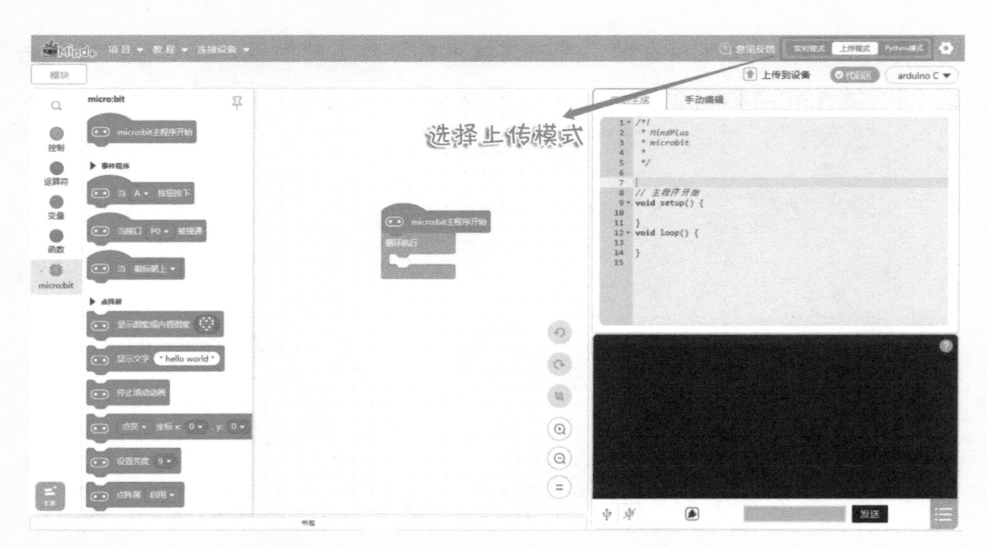

11.2 认识小麦 AI 机器人

在第 6 章的项目学习中，我们已经实现了和小麦在 Mind+ 上的语音对话，并能够通过语音控制舞台中的开关灯效果、实现说绕口令下指令等功能。在本章，我们来试试和实物小麦机器人对话吧！

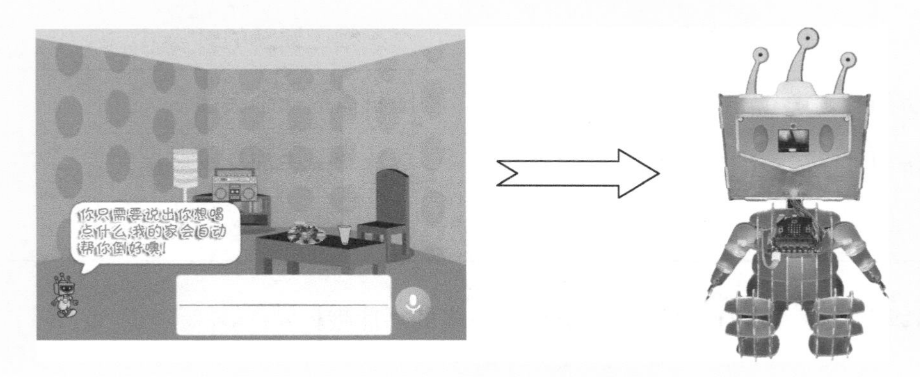

首先我们来看看小麦聊天机器人的组成：

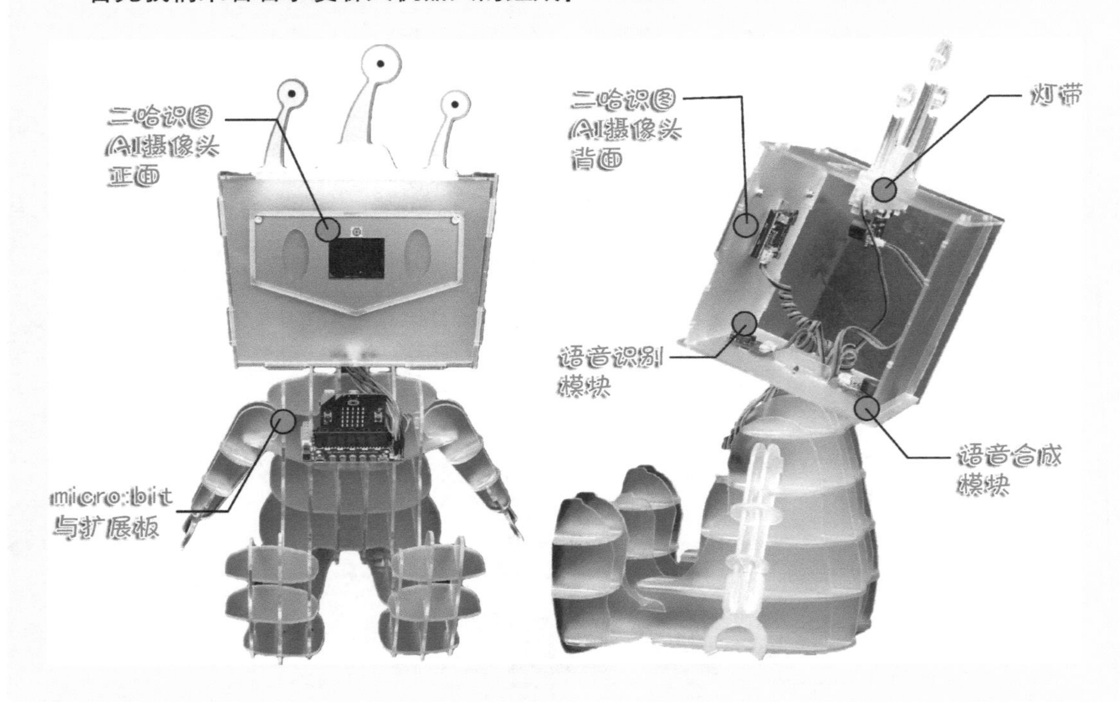

在 AI 硬件武装下的小麦机器人，能够和我们进行什么样的互动呢？

功 能 描 述	效 果 展 示
当看到陌生人	Hi，小伙伴，我们来交个朋友吧
当看到认识的人	Hello，我的朋友，吃了没
当听到有人说“你好”	说“你好”
当听到有人说“开灯”	灯全亮
当听到有人说“1”“2”“3”“4”	点亮相应数量的灯
当听到有人说“讲个笑话”	随机播放一个笑话
当听到“一闪一闪亮晶晶”	播放“漫天都是小星星”
……	……

除以上功能，我们还可以自定义添加更多的功能哦！

11.3 硬件设备

11.3.1 主控制器

上传模式下编写的程序是上传到硬件主控制器里运行的，那主控制器是什么呢？

我们先来了解一下其中的一个主控制器——micro:bit。程序编写好后，通过上传程序，就能将程序存储在这一块小小的主控制器中，之后只需要给 micro：bit 接上电源，里面的程序就可以自动运行啦！

主控制器：micro:bit

主控制器相当于机器人的大脑，和人的大脑有相似的地方：通过身体的各种器官接收外界信息，将接收到的信息传递给大脑，再由大脑做判断让我们身体的某些部位做出反应。如当我们看到有人跟我们打招呼说“你好”时，信息是如何传递的呢？

11.3.2 能听、能看、能说

在上面的案例中，眼睛和耳朵相当于传感器，进行信息的输入；大脑相当于主控制器，负责处理信息；嘴巴相当于执行器，来发出信息。那么我们要做一个具有这些功能的智能机器人，当然少不了能够接收信息的“耳朵”和“眼睛”，还有发出信息的“嘴巴”。所以我们需要用到具有对应功能的硬件设备：语音识别模块、二哈识图 AI 摄像头、语音合成模块。

语音识别模块	二哈识图 AI 摄像头	语音合成模块
能够识别我们所说的话或识别一句话中包含的关键词	能够识别出不同的人脸、形状、颜色、物体，还能学习任意的形状或物体	通过输入文字内容，能够以不同的语速、语调、人声来说出输入的文字内容

11.3.3 能发光

如果想要控制开关灯的效果我们可能还需要一个硬件设备哦。

RGB 全彩灯带	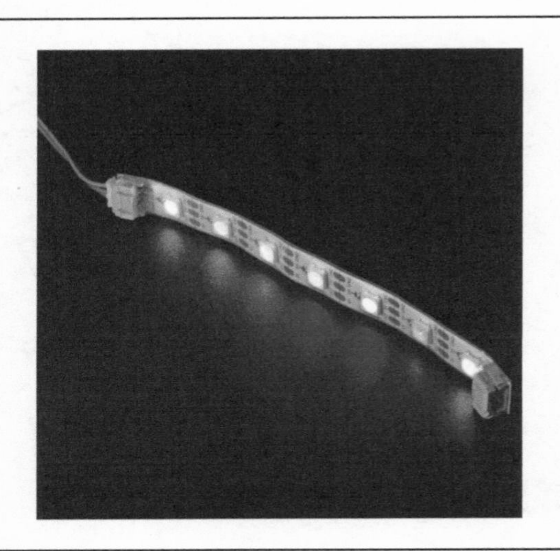
有 7 颗灯珠，编号从 0~6。每颗灯珠都能发出不同颜色的光，亮度可以自由调节	

11.3.4 硬件连接

将 micro:bit 主控制器插入扩展板内，再将二哈识图 AI 摄像头、语音识别模块、语音合成模块和灯带分别接在扩展板的引脚上。

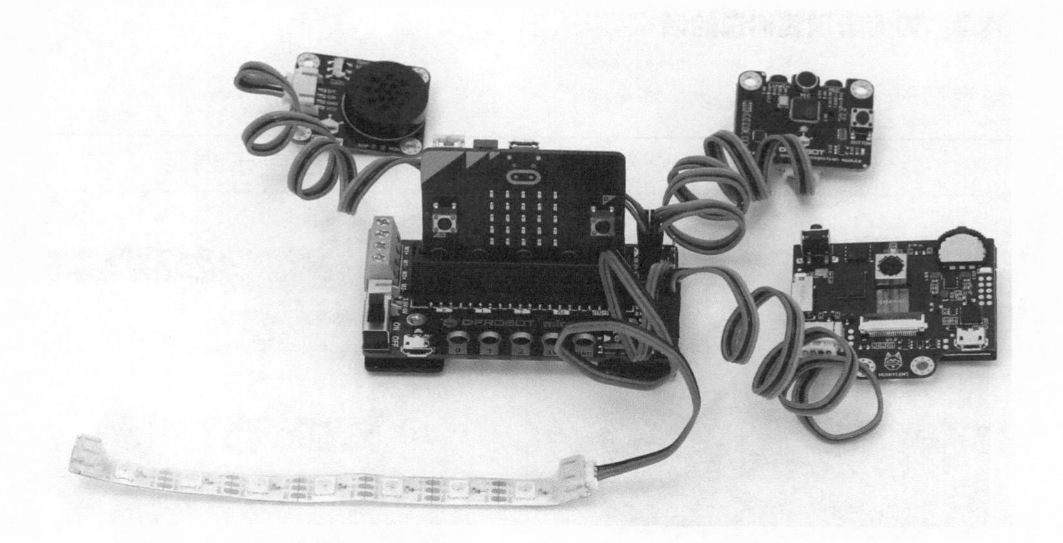

11.4 功能实现秘籍

11.4.1 如何区分自己人和陌生人

二哈识图

<table>
<tr><th>陌　生　人</th><th>自　己　人</th></tr>
<tr><td>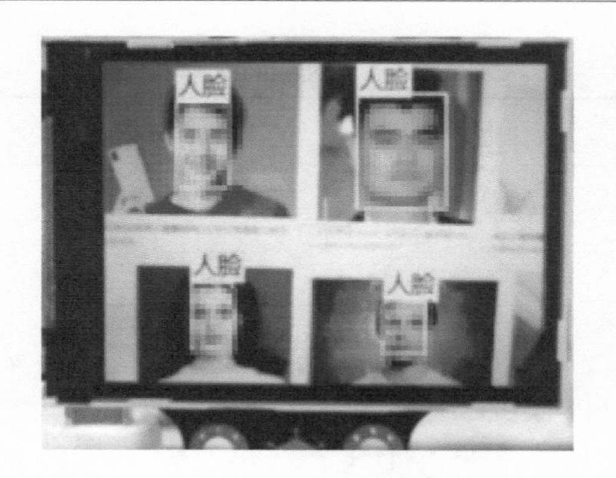</td><td></td></tr>
<tr><td>将二哈识图切换到人脸识别后，看到任意一个未学习过的人脸，都会在人脸处，用白色的方框标记，并显示“人脸”文字</td><td>当看到已学习过的人脸时，人脸的方框会显示不同的 ID 号，摄像头便是通过 ID 号来区分不同的人脸</td></tr>
</table>

11.4.2 如何听懂我们说的话

语音识别

<table>
<tr><th>语音识别模块</th><th>程 序 示 例</th></tr>
<tr><td>
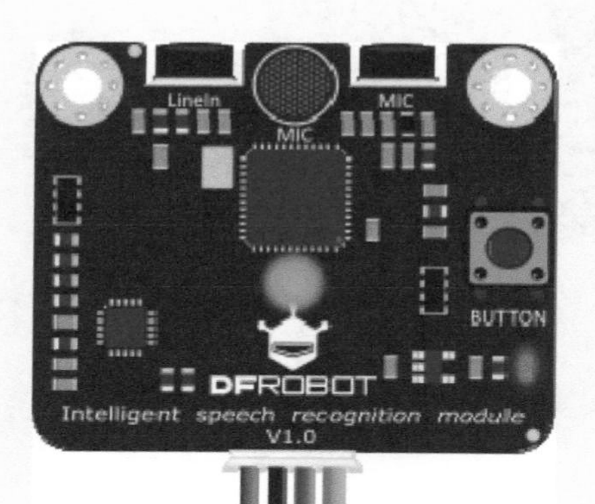

</td><td>
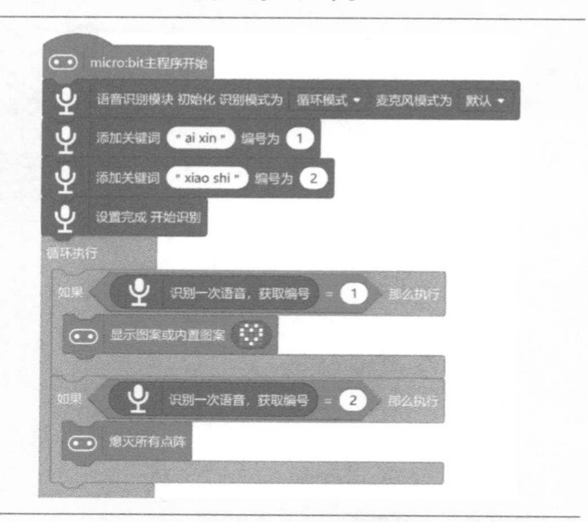

</td></tr>
<tr><td colspan="2">将需要被识别的关键词以拼音的形式输入到程序中，然后用空格作为字与字之间的间隔来设置关键词，为每一个关键词添加一个编号
当设备识别到我们所说的关键词时，判断关键词对应的编号是多少，然后再执行相应的程序</td></tr>
</table>

11.4.3 如何说出话

语音合成

<table>
<tr><th>语音合成模块</th><th>程 序 示 例</th></tr>
<tr><td>
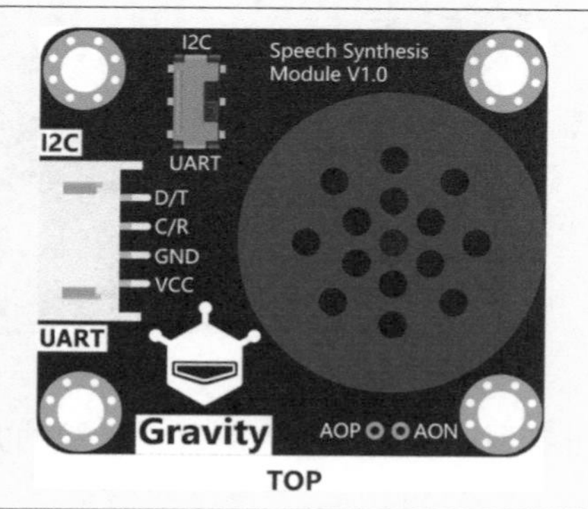

</td><td>
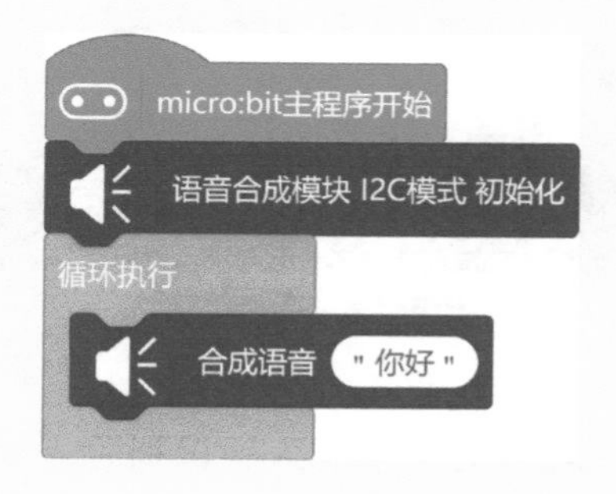

</td></tr>
<tr><td colspan="2">将想让机器说的话，以文字的形式输入在程序中。在不同的条件下说不同的话，这样机器人就能实现和我们的对话啦</td></tr>
</table>

11.4.4 如何点亮灯带

点光灯带

RGB 灯带	程序示例

灯号从 0~6 对应七颗灯珠，以从几号到几号的程序指令来控制对应灯珠显示不同的颜色	

11.5 小麦说

"在我们生活的信息化时代，人工智能早已悄无声息地融入了我们的生活。人工智能技术的广泛应用，极大地提升了人类社会发展的速度。不过人工智能作为一种技术，存在着两面性。如果我们用这项技术造福人民群众，改善生活环境，那这样的技术应用是我们所提倡的。但如果有人用这项技术做一些危害社会的事情，比如非法获取我们的信息并用于不当的地方，那这样的技术应用就是我们要坚决制止的。所以生活在当下的我们，不仅要学习人工智能的相关知识和技能，也要感受生活中的人工智能技术，对生活中的人工智能应用有自己的思考和理解。"

"技术是服务于人类社会的，我们要从实际生活中发现问题，然后思考、分析问题，最终利用学习到的技术去解决这些问题，让我们的生活变得更加方便、更加美好。在 Mind+ 百宝箱里还有非常多强大的功能，比如更多硬件、Python 编程等技能等待大家去解锁，小麦会陪着大家一起加油，让我们成为一名优秀的小创客，一起去改变这个世界吧！"

——推荐阅读——

超有趣学Python：编程超酷航天冒险游戏

[美] 肖恩·麦克马纳斯　著　　程晨　译

● 超有趣 Python 入门指南，无论是初学者还是青少年，都可以轻松有趣学 Python

● 亚马逊五星好评，手把手教你编程创造超酷太空冒险游戏，全彩印刷，全部代码，全程指导

● 知名作者畅销力作，派森社联合发起人、创客布道师程晨倾力翻译

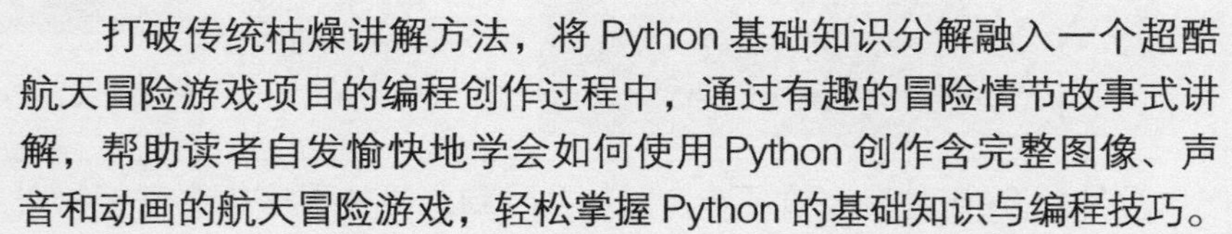

打破传统枯燥讲解方法，将 Python 基础知识分解融入一个超酷航天冒险游戏项目的编程创作过程中，通过有趣的冒险情节故事式讲解，帮助读者自发愉快地学会如何使用 Python 创作含完整图像、声音和动画的航天冒险游戏，轻松掌握 Python 的基础知识与编程技巧。

给孩子的计算思维与编程书：AI核心素养教育实践指南

[美] 简·克劳斯　奇奇·普罗特斯曼　著　　王晓春　乔凤天　译

● 人工智能赋能科技教育，适合老师、家长、孩子阅读，理解如何培养计算思维，帮助未来创新者掌握 AI 核心素养

本书是 K–12 教育工作者、家长、青少年的计算思维入门指南，用通俗易懂的语言帮助你了解什么是计算思维，它为什么重要，以及如何使计算思维融入学习。本书讲解了计算思维的实用策略，帮助学生设计学习路径的具体指南，以及提供了将计算机科学的基础知识整合到信息课程、跨学科和课外学习的入门步骤。对青少年人工智能、编程课的课程体系设计具有指导和借鉴作用，对教师编程教学具有启示作用。

乐高BOOST创意搭建指南：95例绝妙机械组合

[日] 五十川芳仁　著　　孟辉　韦皓文　译

● 全球知名乐高大师的全新著作，乐高玩家的必备经典乐高书

● 玩转乐高 BOOST 的大师级全彩图解式创意指南

● 只看图片即可学会的乐高创意大全

精美全彩图解式指南，不用文字，通过多角度高清图片全景展示搭建过程，既降低了阅读难度，又增加了搭建创造的乐趣，适合各年龄段读者阅读，更是亲子玩转乐高的极好帮手。

只用乐高 BOOST 即可搭建 95 个可实现行走、爬行、发射和抓取物体的功能创意结构和机器人。